乳化炸药功能微囊

程扬帆　汪泉　朱守军　著

中国矿业大学出版社

·徐州·

内 容 提 要

本书主要针对工程爆破中乳化炸药上向孔返药、爆轰能量难以调控、受压下的爆轰减敏以及高威力与安全性之间的矛盾问题,通过调整微囊内部结构、功能添加剂和壳体材料的种类,研制出适用于不同工程环境的功能微囊——增稠微囊、耐压微囊、缓释微囊和含能微囊,实现对乳化炸药爆轰性能的精准调控,显著改善了工程爆破效果。

本书适合从事工程爆破工作人员以及弹药工程与爆炸技术专业学生和工程技术人员阅读。

图书在版编目(C I P)数据

乳化炸药功能微囊 / 程扬帆,汪泉,朱守军著.
徐州 :中国矿业大学出版社,2024.11. — ISBN 978‐7‐5646‐6538‐8

Ⅰ.TQ564

中国国家版本馆 CIP 数据核字第 2024904QB8 号

书　　名	乳化炸药功能微囊	
著　　者	程扬帆　汪　泉　朱守军	
责任编辑	何晓明　黄本斌	
出版发行	中国矿业大学出版社有限责任公司	
	（江苏省徐州市解放南路　邮编221008）	
营销热线	(0516)83885370　83884103	
出版服务	(0516)83995789　83884920	
网　　址	http://www.cumtp.com　　E-mail:cumtpvip@cumtp.com	
印　　刷	苏州市古得堡数码印刷有限公司	
开　　本	787 mm×1092 mm　1/16　印张 14.75　字数 288 千字	
版次印次	2024 年 11 月第 1 版　2024 年 11 月第 1 次印刷	
定　　价	66.00 元	

（图书出现印装质量问题,本社负责调换）

前　言

　　民爆行业素有"能源工业的能源，基础工业的基础"的称号，被称为隐形的国民经济基石。民爆物品广泛应用于矿山开采、冶金、交通、水利、电力和建筑等领域，尤其在基础工业和重要的大型基础设施建设中具有不可替代的作用。我国乳化炸药年生产量占工业炸药总量的 70% 以上，在国民经济建设中发挥着越来越重要的作用。然而，在工程爆破作业过程中，乳化炸药仍然存在着上向孔返药、爆轰能量难以调控、受压后爆轰减敏以及高威力与安全性之间的矛盾等问题。笔者团队历经十余年的理论研究和工程实践，研制出适用于不同爆破作业环境的乳化炸药功能微囊——增稠微囊、缓释微囊、耐压微囊和含能微囊，实现对乳化炸药爆轰性能的精准调控，显著改善了工程爆破效果。

　　本书共分 5 章。第 1 章概述了传统乳化炸药在工程爆破作业中存在的问题，并介绍了微囊结构特性；第 2 章介绍了乳化炸药增稠微囊的设计及爆轰性能；第 3 章介绍了乳化炸药耐压微囊的设计及爆轰性能；第 4 章介绍了乳化炸药缓释微囊的设计及爆轰性能；第 5 章介绍了含能微囊的设计及爆轰性能。本书由安徽理工大学程扬帆教授、汪泉教授、朱守军博士共同编撰，其中第 1、2 章由汪泉编写，第 3 章由朱守军编写，第 4、5 章由程扬帆编写。

　　在此衷心感谢中国科学技术大学沈兆武教授的指导与帮助。感谢课题组学生刘文近、方华、陶臣、姚雨乐、张启威、张蓓蓓、王浩在本研究中给予的支持。

衷心感谢国家自然科学基金面上项目(11972046)、安徽省高校自然科学基金杰青项目(2023AH020026)、安徽省自然科学基金优青项目(2108085Y02)和安徽省高校自然科学基金重大项目(KJ2020ZD30)对本书的资助。

由于水平有限,书中疏漏及不足之处在所难免,敬请各位专家和读者提出宝贵意见。

著　者

2024 年 8 月

目　　录

第1章　绪　　论

乳化炸药因其优良的抗水、环保、爆炸和储存性能,在工程爆破、爆炸加工和国防等领域都得到了大规模推广和应用。2023 年,我国乳化炸药的总产量已达到 270 多万吨,占工业炸药总量的 70% 以上,乳化炸药在国民经济建设中发挥着越来越重要的作用。然而,随着乳化炸药应用领域的不断拓展,人们对其功能多样化的需求也日益突出,其在使用过程中存在的上向孔返药、动压减敏、爆轰能量难以调控和高能敏感等问题也亟待解决。

上向孔爆破的返药问题:随着露天矿产资源的枯竭和绿色矿山的提出,金属矿产逐渐由露天转向地下开采。地下矿的挖掘采用分段崩落法,即自下而上的开采模式,需要上向打孔和装填乳化炸药。为了提高采矿效率,上向炮孔深度已达 40 m 以上。在上向深孔装填乳化炸药时,人工装药的劳动强度大、效率低。风动装填粉状乳化炸药存在装填密度低和返粉率高的问题,而且粉体悬浮在空中易造成工作面污染。机械泵送地下矿用乳化炸药存在泵送过程中因流动性差而发生管路堵塞的问题,或者在炮孔内因黏着性低而发生返药现象。上向孔爆破的返药问题不仅影响了施工效率,而且散落的炸药容易引发安全事故。

动压下的爆轰减敏问题:延时爆破和不耦合装药是工程爆破作业中最常用的两种技术。然而,延时爆破容易造成先起爆乳化炸药对未起爆乳化炸药的冲击波动压作用;深孔不耦合装药因空气间隙内产生超前于爆轰波传播的空气冲击波,因此使得炮孔底部的乳化炸药发生受压变形(沟槽效应)。乳化炸药因受到冲击波压缩而导致爆轰性能下降的现象被称为"动压减敏"。动压减敏容易造成乳化炸药的半爆甚至拒爆,而处理"哑炮"容易引发安全事故。国内外有关乳化炸药动压减敏的研究主要集中在测试方法、减敏性能表征和影响因素分析上,并没有提出具体有效的解决办法。

爆轰能量的可控性问题:炸药的爆速、爆热、猛度和做功能力等是衡量乳化炸药爆轰性能的主要参数。不同应用领域对乳化炸药的性能要求也不尽相同,如:硬岩爆破要求乳化炸药具有较高的爆速和猛度,土石方抛掷爆破要求乳化炸药具有较高的爆热和做功能力,爆炸焊接要求乳化炸药具有较低的爆速和较长的冲击波衰减时间等。同时,随着国家对环境保护的不断重视,炸药爆炸产生的噪声、冲击波和振动等危害性问题亦不可忽视。爆轰能量的不可控性导致炸药爆破效果差、能量利用率低和环境次生灾害等诸多问题。因此,有效调控乳化炸药的输出能量,对工程爆破效果、爆炸能源利用和环境保护都具有十分重要的意义。

高威力与安全性的矛盾问题:乳化炸药是一种典型的含水炸药,其含水量在10%左右,水分的加入虽然提高了安全性,但同时也降低了爆炸威力。研制高威力乳化炸药一直是工业炸药研究领域的热点问题,其中向乳化炸药中添加高能物质是最常用的一种方法。然而,高能物质的加入又会提高炸药的感度,严重影响乳化炸药的安全性。如何解决乳化炸药高威力和安全性之间的矛盾,一直是困扰药领域研究者们的难点问题之一。

针对乳化炸药在应用过程中存在的典型工程问题,我们以敏化剂的设计为突破口研发了系列功能微囊,在乳化炸药配方设计上逐步向精细化和功能化方向发展。微囊是指功能材料包裹于数微米至数百微米的微型容器,其具有许多独特的功能,如:改变物质的物理状态和表面性质,提高物质的储存稳定性,将有毒有害物质与环境隔离,调节控制释放速率、挥发和溶解时间等,在生物医药、能源、农业和化工等领域表现出巨大的潜力。图 1-1 为常见聚合物壳体微囊的结构示意图,其应用主要取决于内部包覆的功能材料,同时,通过调整微囊所处的外界环境,如温度、pH 值、压力、超声波作用等,可以实现微囊内部物质的传递并控制其释放速率。

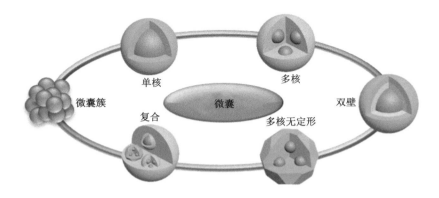

图 1-1　常见聚合物壳体微囊的结构示意图

通过调整微囊内部结构、功能添加剂和壳体材料的种类,可以研制出适用于不同工程环境的功能微囊:增稠微囊、耐压微囊、缓释微囊和含能微囊,结构如图 1-2 所示。增稠微囊在进入炮孔前释放出增稠剂,实现乳化炸药的孔内增稠,解决了泵送流动性和孔内附着性的矛盾;耐压微囊为双层壳体结构,当微囊结构完整时,其内壳可以充当"热点",而当外界动压将其压垮时,其内外壳所含物质会反应生成新的敏化气泡,为应对乳化炸药的动压减敏提供了双重保障;缓释微囊将高能燃料镶嵌包覆于壳体上,其中空结构可以起到敏化剂的作用,并且通过调整微囊所处的外界条件,可以控制微囊内部物质的传递和释放速率,进而实现对乳化炸药爆轰能量的调控;中空含能微囊的有机聚合物外壳具有高强度、耐腐蚀和良好的生物相容性等特点,利用其内部空腔容纳高能物质的方法将含能添加剂和敏化剂合二为一,解决了乳化炸药高威力和安全性之间的矛盾。

（a）增稠微囊 （b）耐压微囊 （c）缓释微囊 （d）含能微囊

图 1-2 乳化炸药用功能微囊

功能微囊具有敏化剂和功能添加剂的双重功能,通过在乳化基质中添加相应的功能微囊,就可以实现工程应用对乳化炸药高能钝感、抗动压减敏和能量可控等性能的需求。同时,功能微囊的外壳具有良好的相容性、耐腐蚀性和结构强度,能够有效解决传统添加剂存在的问题。由此可见,乳化炸药用功能微囊具有良好的工程应用价值和前景。

第2章 增稠微囊的设计及爆轰性能研究

2.1 研究背景

乳化炸药是 20 世纪 60 年代开发的一种工业炸药,具有优良的抗水性、安全性和环保性,广泛用于各种爆破工程中。长期的矿产开采使得近地面或露天金属矿产资源匮乏,而且在开采过程中会造成植被破坏和粉尘飞散。随着工业的不断发展和国家现代化的建设加快,社会对金属材料的需求量与日俱增,越来越多的矿企转向地下更深处开采金属矿石,因此开展深层地下资源开采成为今后的必然趋势。在地下矿山开采中常用上向分层崩落法,即上向打孔和装药,为提高开采效率,炮孔深度已达 40 m 以上。在装填炮孔时,地下矿用乳化炸药既要满足泵送过程中乳化炸药的流动性,又要保证泵送后乳化炸药的黏着性。然而,地下矿用乳化炸药的黏着性和流动性之间相互制约。当乳化炸药黏度高时,即会较好地附着在炮孔的孔壁上,严重影响乳化炸药的泵送效果;当乳化炸药流动性好时,能够较好地在输送管内泵送,其黏着性低。另外,低温环境下的乳化炸药黏度增大,析晶严重,这也是地下矿开采的难题之一。

乳化炸药是以硝酸钠、水和硝酸铵为主的易溶氧化剂作为水相,在含乳化剂的复合油相中高速乳化形成的一种油包水(W/O)型工业炸药。普通岩石型乳化炸药在油相中添加复合蜡来提高稳定性,但复合蜡在常温下为固态,具有较大的黏度,使得乳化炸药在常温下不具有流动性,不适合机械泵送装药。而袋装乳化炸药采取人工装药,劳动强度大、效率低,需要在洞口堵塞,防止乳化炸药掉落,炮孔装填耦合性差,当药卷发生挤压变形时,将面临无法装填到炮孔底的困难,不适合大规模的矿产开采。粉状乳化炸药采用风机装置向炮孔内吹送装药,由于粉体黏性低,在炮孔内难以堆积,造成粉状乳化炸药严重浪费,而且掉落的粉状乳化炸药部分会悬浮在空气中,造成地下有限工作空间的环境污染,严重危害爆破人员的身体健康。

可泵送乳化炸药黏度低,含水量一般控制在 15%～20%,复合油相由柴油、机油和乳化剂等黏度较低的油类产品组成,产品的生产和品控技术成熟,乳胶基质具有较好的流动性。研究人员通过改进低黏度乳化炸药配方,根据上向孔孔径,选择合适的乳化炸药黏度,制备出适合特定孔径的地下矿用乳化炸药,但地下施工环境的恶劣性和多变性导致地下矿用乳化炸药在泵送软管内堵塞或上向孔内乳化炸药掉落的问题频发。通常乳化炸药黏度随其温度的降低而增加,在超低温环境中,乳胶基质的黏度能够增大数倍,乳化炸药在长管路泵送时因与管壁之间的摩擦面增多而容易出现泵送管内堵塞现象。当夏季环境温度高时,乳胶基质黏度变小,乳化炸药泵送到孔内后,与孔壁之间的附着力减小,在重力的作用下从孔内脱落,造成乳化炸药浪费,并且孔内药量减小导致爆破效果差。在钻孔过程中,钻杆的振动造成孔径偏大,炮孔内壁附着的灰尘也会造成地下矿用乳化炸药上向孔返药。

乳化炸药在炮孔内和输送软管内的流动属于层流,乳化炸药沿着与孔轴平行方向做平滑运动,流速在炮孔中心位置处最大,越贴近孔壁处流速越小。在地下矿用乳化炸药满足泵送黏度要求时,孔径过大使得炮孔中心与壁面的距离增大,而乳化炸药是由直径 $0.2～5~\mu m$ 的油包水粒子组成的,远离壁面的乳化炸药粒子间的附着力小于重力,炮孔中心乳化炸药受重力作用向下流出。为了提高地下矿用乳化炸药的泵送能力,研究人员采用"水环润滑"技术,在输送软管内输送乳胶基质,在靠近管壁处输送含有发泡剂的液体水,水层使乳胶基质与管壁隔离从而达到降低摩擦的目的。但是,水环中的水会增加矿用乳化炸药的整体含水量,降低乳化炸药的爆炸威力。在冬季寒冷环境下,炮孔内发泡效果较差,容易造成乳化炸药脱落和拒爆现象。

微囊技术是将芯材包覆在微型壳体内,具有控制芯材的释放速率、挥发和溶解时间的作用,并且能够将活泼材料与环境隔离,在生物、医药、农业和化工等领域表现出巨大潜力。增稠剂是近年广泛使用的新型高分子材料,主要作用是提高液体的稠度和黏度,广泛应用于食品、制药、采油、涂料、化妆品和造纸等行业。聚丙烯酸钠是提高水溶液黏度的一种添加剂,通过与水作用形成三维水化网络结构,在体系中添加较少量就能显著增加体系的黏度,而海藻酸钙材料被广泛地用作微囊的壁材。在室温条件下,海藻酸钠就能与钙离子等其他二价阳离子反应形成具有高弹性和强度的微胶囊。因此,可通过微囊技术将聚丙烯酸钠增稠剂包封在高强度壳体的微囊中,微囊的加入不影响乳化炸药的黏度及其泵送,在进入炮孔前的瞬间,微囊受剪切破坏并释放出其内部的增稠剂,从而实现乳化炸药的孔内增稠。

2.2 国内外研究现状

国内外对乳化炸药的黏度在宏观与微观方面都做了大量研究。采用不同配比的柴油、机油和石蜡制备乳胶基质,对比后发现低黏度乳化炸药油相材料不能选用石蜡,石蜡的加入会提高乳化炸药的黏度从而使敏化气泡固定。复合油相中选择柴油、机油和乳化剂等材料,使乳化炸药具有较低的黏度,满足乳化炸药在软管内的泵送要求。采用液体油作为乳化炸药油相材料,制备出的低黏度乳胶基质具有较高的流动性。采用新型微乳液敏化乳化基质,发现微乳液敏化乳胶基质的速度快,敏化气泡粒径均一且分布均匀,并能降低乳胶基质黏度。通过研究乳胶基质内材料的成分配比对黏度的影响,可以发现水相材料的变化对乳胶基质黏度影响很小,复合油相黏度对乳胶基质黏度有显著影响。在制备乳胶基质过程中,乳化速度越快,乳胶基质黏度越高,乳胶基质的黏度随乳化温度降低而升高。通过黏度计测试剪切速率和乳化剂制备乳化炸药的黏度,可以发现低剪切速率下和添加司班80(Span-80)制备的乳化炸药黏度较低。研究乳化剂分子结构对乳胶基质黏度的影响结果表明,得到含有亚胺或酰胺乳化剂的乳胶基质在常温下具有较高的黏度,在高温下具有较好的流动性。在一定范围内,乳化炸药黏度随水相含量降低而降低,随油相黏度升高而升高,与乳胶基质平均粒径成反比。此外,长时间的精炼使乳胶基质的弹性模量屈服应力和黏度增加,粒径大小及粒子之间的相互作用都决定乳胶基质的流变性能。

随着环境保护力度加大和露天资源枯竭,地下矿山开采被越来越多的企业采用,为提高开采效率,炮孔深度已达40 m以上,但上向孔返药问题一直没有好的解决方法,制约了地下矿的开采速度。传统地下矿用乳化炸药在上向孔孔径和炸药黏度之间选择一定范围,制备出适合特定小孔径的地下矿用乳化炸药,但施工环境的多变性导致此方法在泵送装药过程中会出现众多问题。利用"水环润滑"技术可使乳胶基质与软管壁面隔开而达到降低摩擦的作用,但乳胶基质在炮孔内低温敏化效果差,乳胶基质不膨胀,乳胶基质在水的润滑下也会从炮孔内脱落,管壁水的加入增加了乳化炸药的整体含水量,高含水量使得爆炸威力显著减小。采用复合凝聚法合成增稠微囊,在泵送的过程中,微囊的壳体结构保持完整,增稠剂与乳胶基质不会发生接触。当到达管口处时,受外部高速剪切作用的影响,增稠微囊壳体被破坏并释放出增稠剂,从而使地下矿用乳化炸药到达炮孔后的黏性增强,实现孔内增稠,从而解决地下金属矿泵送装填乳化炸药过程中返药严重的问题。

基于增稠微囊的地下矿用乳化炸药能有效解决长距离管路泵送和上向深孔

黏着之间存在的矛盾性问题,在乳化炸药泵送过程中能够快速流动,不会发生堵塞,在上向炮孔内与壁面较好地附着。与传统固定黏度的地下矿用乳化炸药相比,基于增稠微囊的地下矿用乳化炸药返药率低、爆轰性能好、装药效率高。随着地下金属矿开采规模逐渐扩大,机械化开采程度加大,该炸药在地下矿爆破作业中具有广阔的市场空间。

2.3　地下矿用乳胶基质的制备与性能表征

2.3.1　试剂和原料

乳化炸药复合油相由还原剂和乳化剂构成,形成包覆水相的外层油膜。油相材料试验试剂见表 2-1。还原剂主要包含柴油、机油和石蜡等石油提炼产品。柴油热值较高且易参与爆轰反应,较好的流动性使其容易被硝酸铵吸收,但是柴油较难乳化形成油包水结构,因而选择添加适量的机油和石蜡增加复合油相的黏度,提高乳化炸药的稳定性。乳化剂是用于维持油包水结构界面膜的稳定的表面活性剂,由亲水基和疏水基两类互斥基团组成。亲水基和疏水基之间的相对强弱用亲水亲油平衡值表示,用于制备乳化炸药的乳化剂亲水亲油平衡值控制在 3~6 之间。司班 80(Span-80)属于多元醇酯类表面活性剂,是一种常用的低分子型乳化剂,具有较好的乳化、增容和分散等特点;聚异丁烯丁二酰亚胺(T155)采用不同比例的多乙烯多胺和聚异丁烯琥珀酸酐反应制得,基团中含有亲水基和亲油基,通过吸附和乳化形成稳定的立体框架复合油膜,制备出的乳液体系粒径均匀,乳胶基质的稳定性显著提高。为提高油相和水相的乳化效果,将两类乳化剂按比例使用,弥补低分子和高分子乳化剂自身的不足,从而制备出稳定性较好的乳胶基质。

表 2-1　油相材料试验试剂

名称	级别	生产企业
0# 柴油	商业级	中国石油化工集团有限公司
40# 机油	商业级	中国石油化工集团有限公司
司班 80(Span-80)	分析纯	上海麦克林生化科技股份有限公司
聚异丁烯丁二酰亚胺(T155)	分析纯	成都化夏化学试剂有限公司
复合蜡	商业级	淮南舜泰化工有限责任公司

乳化炸药水相材料由多种氧化剂组成,占乳胶基质总质量的 90% 以上,是

乳化炸药自身进行氧化还原反应和快速释放能量的源泉。水相材料试验试剂见表 2-2。硝酸铵为爆轰反应提供氧化剂,是乳化炸药的主要供氧物质,在一定条件下铵根离子和硝酸根离子可反应生成大量热量和气体。硝酸钠可以降低硝酸铵过饱和溶液的析晶点,增加乳化炸药的稳定性,同时钠元素也参与炸药的爆轰反应。水是乳化炸药水相的载体,使氧化剂在高温下以溶液状态与复合油相更好地均匀混合。水的比热容较大,蒸发时吸收大量热能,应选择合适的含水量使乳化炸药的威力发挥到最大。为增加乳化炸药的流动性和减少乳化炸药因意外刺激而发生爆炸事故,可泵送乳化炸药含水量为 $15\%\sim20\%$,但过多的水含量会减小炸药爆炸的威力,因此最佳含水量为 15%。

表 2-2　水相材料试验试剂介绍

名称	级别	生产企业
硝酸铵(NH_4NO_3)	工业级	淮南舜泰化工有限责任公司
硝酸钠($NaNO_3$)	分析纯	上海麦克林生化科技股份有限公司
尿素(CH_4N_2O)	分析纯	上海麦克林生化科技股份有限公司
去离子水	/	自制

2.3.2　试验仪器和方法

试验所用仪器见表 2-3。试验方法如下:使用搅拌器在高速转动下将油相和水相乳化,制备乳胶基质;高低温循环箱最低温度可达 $-50\ ℃$,能够模拟超低温环境试验乳化炸药的耐低温性能;扫描电镜不能拍摄含水量大的物质,因而采用光学显微镜观察乳胶基质和增稠微囊的微观结构;乳化炸药黏度的大小对其在软管内泵送和孔内稳定附着有较大的影响,采用旋转式数显黏度计测量不同温度和时间的黏度变化;同步热分析仪能够观测试样受热过程中的热重与热差数据,分析得出乳化炸药的热稳定性;通过铅柱压缩、爆速和空中爆炸试验,测试地下矿用乳化炸药在低温环境和增稠前后的爆轰性能。

表 2-3　试验设备

设备名称	型号	生产企业
数显电动搅拌机	AM300S-H	上海昂尼仪器仪表有限公司
可调式电加热板	NB-5	武汉格莱莫检测设备有限公司
数显温度计	WSS	安徽鑫昱自动化有限公司
旋转式数显黏度计	RVDV-1	上海平轩仪器科学有限公司

表 2-3(续)

设备名称	型号	生产企业
光学显微镜	SG50	苏州神鹰光学有限公司
同步热分析仪	TG/DSC	瑞士梅特勒托利多公司
五段式爆速仪	BSW-3A	开封市精工仪表厂
高低温循环箱	KHSB	合肥安科环境试验设备有限公司
恒温加热磁力搅拌器	DF-101S	上海力辰邦西仪器科技有限公司
超声波分散器	KQ520E	昆山市超声仪器有限公司
数字储存示波器	HDO403A	美国安捷伦科技公司
电荷放大器	YE585	江苏联能电子技术有限公司
压电式压力传感器	CY-YD-202	江苏联能电子技术有限公司

2.3.3　地下矿用乳胶基质的制备

乳胶基质的配方见表 2-4。如图 2-1 所示,采用昂尼 AM300S-H 剪切机进行乳化,转速范围为 50~1 800 r/min,搅拌头采用三叶螺旋桨并对边界厚度进行适当打磨,提高基质的乳化效果,每批次制备 100 g。首先,将硝酸铵、硝酸钠、尿素、去离子水混合,加热板调至高挡,当铁板温度升高至不变时,将其在加热板上快速加热到 105 ℃形成水相,减少水分蒸发;其次,将 0# 柴油、40# 机油、司班 80、聚异丁烯丁二酰亚胺混合均匀,在水浴锅中加热到 90 ℃形成复合油相;最后,以 1 200 r/min 高速剪切复合油相,再将 105 ℃水相缓慢加入油相中,剪切乳化 2 min 制备成乳胶基质。

表 2-4　乳胶基质的配方　　　　　　　　　　　单位:%

乳胶基质	1#	2#	3#	4#
硝酸铵	70	68	70	68
硝酸钠	8	8	8	8
尿素	0	0	0	2
水	15	15	15	15
柴油	3.11	3.11	3.11	3.11
机油	1.55	1.55	1.55	1.55
司班 80	2.34	0	1.17	1.17
T155	0	2.34	1.17	1.17

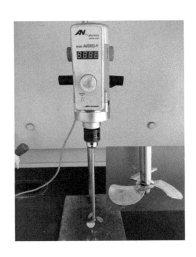

图 2-1 剪切搅拌机

2.3.4 地下矿用乳胶基质的稳定性测试

稳定性是衡量地下矿用乳化炸药的指标之一,是决定乳化炸药在应用中能否保持性能稳定的重要参数。地下矿用乳化炸药存储时间相对较短,行业储存期为 30 天左右,因此采用最直接的自然储存法对乳化炸药进行观测。按日常储存条件,受气候的自然条件变化的考验,将制备的四组乳化炸药放置在透明聚丙烯材料容器中常温储存,每间隔一段时间观察乳化炸药变化的状况。图 2-2 为制备的四组乳胶基质在冬季储存 30 天拍摄的照片,每次拍摄间隔 7 天或 8 天,共 30 天,在拍摄过程中因相机曝光原因存在色彩差异。从图中可以看出,制备的四组乳胶基质冷却到室温后基质颜色接近,都为橙黄色。随着储存时间的增加,乳胶基质颜色发生明显变化:1# 乳胶基质由橙黄色变为淡淡的绿黄色,颜色逐渐变浅;2#、3# 和 4# 颜色变化接近,可以看出与 1# 颜色有明显不同,为淡黄色,后期颜色保持不变。从图中还可以看出,乳胶基质颜色变化最大的时间段为 0~7 天,初步认定为刚制备的乳胶基质冷却后水相和油相界面膜还未稳定,水相状态与加热至 105 ℃时状态接近,随着时间增加,界面膜、水相和油相材料结构趋于稳定,颜色发生变化。

从外部仅能观察乳胶基质的宏观变化,在 30 天时间内不能明显判断四组乳胶基质的稳定性优劣,更不能判断乳胶基质的析晶程度,因此需要采用显微镜观察乳胶基质的析晶情况。采用显微镜观察乳胶基质的微观结构:打开显微镜,将光源调至适当强度,试验时将乳胶基质放置于载玻片上,并用盖玻片盖住,使乳

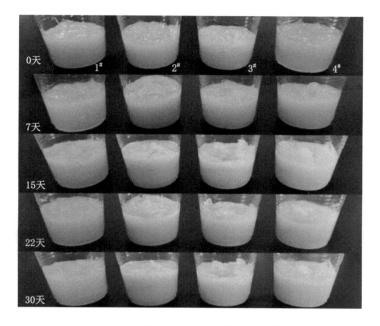

图 2-2 不同时间段的乳胶基质照片

胶基质形成厚度均匀的平坦层;将载玻片轻放在载物台上,使乳胶基质靠近通光孔;慢慢转动粗调螺旋,至视野内物像清晰;转动载玻片移动螺旋,调至乳胶基质待观察位置,再改调微调螺旋,从而观察到清晰的乳胶基质结构。

采用显微镜放大 40 倍后,四组乳胶基质的微观结构随时间的变化如图 2-3 所示,图中黑色斑点为硝酸铵结晶。观察初期制备的四组乳胶基质的微观结构,2# 乳胶基质在初期就出现破乳现象,其余三组未发现破乳现象。这说明制备的 1#、3# 和 4# 乳胶基质的乳化效果较好,复合油相将水相较好包覆形成油包水结构。对比发现 2# 样品只选用聚异丁烯丁二酰亚胺乳化剂(T155),乳化条件要求较高,在简易设备下难以剪切乳化达到最佳效果,出现部分破乳现象。在储存试验中 2# 乳胶基质随着时间的增加破乳现象最严重,主要由于初期制备的 2# 乳胶基质初期有部分破乳,即水相中硝酸铵析晶,析晶会在表面出现尖锐的晶体,破坏周围油包水结构,加速乳胶基质的破乳,因此制备的 2# 乳胶基质的稳定性最差。1# 乳胶基质析晶是先出现微小的点,然后硝酸铵析晶点慢慢扩大,说明形成的油包水界面膜强度低,易受外界条件影响而发生破乳现象。将 1# 与 3# 乳胶基质对比可得,3# 乳胶基质比 1# 乳胶基质的析晶量低。两种乳胶基质区别在于选用的乳化剂不同,1# 使用低分子乳化剂司班80,3# 使用聚异丁烯丁二酰亚胺和司班 80 乳化剂复配,说明采用乳化剂复配比单一乳化剂制备的乳胶基质稳定性好。3# 和 4# 乳胶基质在不同时间段内破乳程度接近,而且硝酸铵析晶现象都是先出现小的析晶点,然后小的析晶点慢慢增多,之前出现的析晶点轻微程度扩大,表明形成的界面膜强度较好。对比两组的成分可以得出,常温下尿素加入水相中不会提高乳胶基质的稳定性,乳胶基质的稳定性主要与复合油相的成分有关。

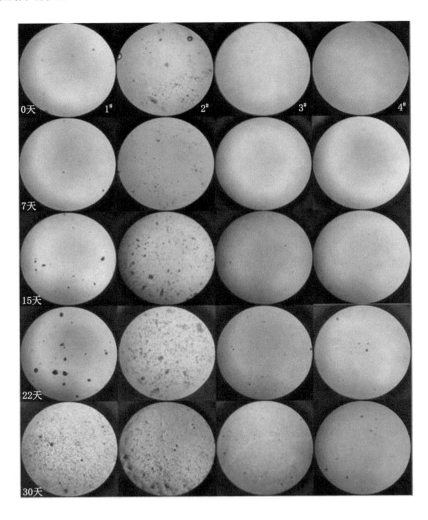

图 2-3　四组乳胶基质不同储存期的微观结构图

　　高低温循环箱可以控制时间、温度和湿度,将按照设定的程序运行,如图 2-4 所示。箱内低温采用复叠式制冷,循环箱内的最低温度可设置为－40 ℃,温度波动区间为±0.5 ℃。控制湿度是在温度变化的基础上添加加湿装置,模拟自然条件,使试验效果更加接近自然气候,这样测试样品得出的参数可靠性更高。地下矿用乳化炸药在地面站制备完成后,由乳化炸药混装车运输到爆破场地进行装填爆破。地面站建立在矿区开采场地附近,地下矿用乳化炸药从运输到爆破当天完成,因此,要想测试制备的四组乳化炸药的耐低温性能,应在－20 ℃下存储 12 h 测试其破乳情况(模拟超低温环境使用)。

图 2-4　高低温循环箱

　　四组乳胶基质在－20 ℃下存储 12 h 的前后变化如图 2-5 所示。制备的乳胶基质在冷却到室温后如图 2-5(a)所示,外观呈橙黄色,具有一定的透明度。－20 ℃下存储 12 h 后如图 2-5(b)所示,颜色微黄(拍摄照片颜色偏白主要原因是乳胶基质温度低于 0 ℃,空气中的水分在超低温环境下会凝华在杯壁表面形成一层薄冰)。对不同样品采用显微镜放大 40 倍观察的乳胶基质如图 2-6 所示,1#局部出现较大的析晶点,2#初期出现析晶,低温加速硝酸铵析晶,3# 和 4#析晶点较小。对比可以看出:司班 80 和 T155 乳化剂复配制备的乳胶基质耐低温性能优于使用单一乳化剂制备的乳胶基质;尿素在常温下对乳胶基质的稳定性影响较小,但在超低温环境下,尿素能够减少乳胶基质的析晶量,提高乳胶基质的稳定性。四组样品中,4#乳胶基质的耐低温性能最佳,满足地下矿用乳化炸药在－20 ℃环境下使用时的稳定性要求。

（a）制备乳胶基质

（b）-20 ℃下存储12 h

图 2-5　乳胶基质照片

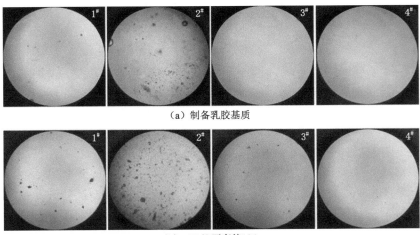

（a）制备乳胶基质

（b）-20 ℃下存储12 h

图 2-6　乳胶基质光学显微镜照片

通过测试黏度可以确定乳化炸药的黏稠性,乳化炸药的黏度主要由复合油相黏度决定,测量黏度有旋转法、流变性测试和坠球法三种方法。测量用RVDV-1 型旋转式黏度计由温度传感器、转子和主机三部分组成,显示屏可显示转子号、转速、黏度、张角百分比和温度等信息。首先调节主机底座水平调节旋钮至水平,安装适合的转子,将被测乳化炸药倒入直径不小于 60 mm 的圆柱形容器内,上部整平放入转子下方,旋转升降旋钮将转子缓慢浸入乳化炸药中,使转子杆上的凹刻度线与乳化炸药界面相平。转速(r/mim)可调为 0.5、1、2、2.5、4、5、10、20、50、100,共十挡。启动仪器,调节转速,使张角百分比为 50% 左右,过大或过小对黏度的测量都有影响,在室温环境下同转子和转速下多次测量四组乳胶基质的黏度并进行对比。采用 6 号转子在 5 r/min 测得四组乳胶基质的黏度见表 2-5,四组基质的黏度接近,其中 1# 样品的黏度最小,为 123.5 Pa·s;2# 乳胶基质的黏度最大,为 149.8 Pa·s,说明采用高分子乳化剂比低分子乳化剂制备的乳胶基质的黏度大。

表 2-5　四组乳胶基质的黏度

样品	1#	2#	3#	4#
黏度/(Pa·s)	123.5	149.8	137.1	135.6

通过对四组乳胶基质的稳定性、耐低温性和黏度进行测试,可以得出 Span-80 和 T155 乳化剂配合使用能够提高乳化炸药的稳定性。添加尿素能够降低乳胶基质水相的析晶点,增强乳化炸药的耐低温性能。在未添加复合蜡的条件下,乳化剂对乳化炸药的耐低温性能影响较小,只选用高分子乳化剂较难剪切乳化形成的油包水结构。四组乳胶基质中,4# 乳胶基质的稳定性和耐低温性能最佳,满足地下矿用乳胶基质要求,因此采用 4# 乳胶基质作为后续试验用乳胶基质。

2.4　增稠微囊的设计与性能表征

2.4.1　微囊概述

微囊是采用易成膜的高分子材料通过化学或物理方法将易挥发、高感度或有毒物质封装的囊状物。微囊可看作由壁材和芯材组成,粒径通常在 0.1～2 000 μm 范围内。微囊的形貌因其制备方法和功能特点不同而结构各异,包覆的芯材可以由相互不发生反应的多种物质组成,也可以是多种类型的微囊被镶嵌在另一微囊中。微囊的形态通常分为单核型、多核型、双臂型、微囊簇型、多核无定形型和复合型。微囊制备中,根据芯材和功能需求而选择壁材。微囊具有改善芯材的物理性质,能将芯材的形态、颜色和溶解度等转变,如内部为液体,可以采用微囊技术包覆形成细粉状物质,既保持液体的优异性能,也便于储存和运输。微囊具有隔离作用,能将芯材与外界隔离,可使对酸、碱、盐、温度和空气等敏感的活性物质避免与外界物质发生反应,提高稳定性进而延长保质期,使有毒和刺激性物质不对外释放。当选择特殊材质作为微囊壁材时,微囊能够控制芯材的释放,微囊包覆的芯材可以有条件释放、长效释放和瞬时释放等,芯材的控制释放主要集中在医药、农业、香料三大行业。对精油和香精等易挥发物质有效控制挥发速率,能够最大程度地发挥材料的功效。目前微囊技术广泛应用于农业、食品、涂料、制药和建筑等领域,对改善产品的稳定性和质量发挥着不可或缺的作用。随着微囊在各个学科和领域的应用,各种结构和功能的微囊被不断地开发出来,发挥其独特的功能。为了防止增稠剂对外界环境及乳胶基质产生影响,使增稠剂在合适的时机和地点发挥作用,必须将增稠剂进行包覆,让增稠剂与外界环境隔离。尽管目前合成微囊的方法众多,但需要对众多微囊合成方法进行筛选并改进。针对黏度大的高分子增稠剂,需要特殊方法进行包覆。为了便于掌握微囊的合成方法,将微囊制备方法进行归类。近年来微囊的制备方法相对成熟,主要分为喷雾干燥法、悬浮聚合法、复合凝聚法、溶剂挥发法和模板法等。

喷雾干燥法是将芯材物质均匀分散在预处理的壁材溶剂中,然后经过乳化工艺处理后形成包覆芯材的乳液,再利用喷雾装置将乳液分散成具有很高比表面积的液滴,乳液自下向上喷出,液滴中在惰性热气氛中迅速反应或溶剂快速挥发形成壳体结构,在经过干燥后得到固化微囊。例如以阿拉伯树胶为壁材包覆香精,以乙酸邻苯二甲酸纤维素为壁材,喷雾干燥制备橙皮苷微胶囊。

悬浮聚合法是将单体和引发剂搅拌均匀,在适当温度下对单体进行预聚合,再加入芯材形成油相。在一定比例的去离子水中加入乳化剂和分散剂混合形成水相,将混合油相倒入水相中,以一定速率均化形成稳定的 O/W 乳液,使含有芯材和壳体材料的油相均匀悬浮在乳液中。水包油乳液中,单体在高压反应釜内聚合完成后,形成微囊的有机物壳体。如果芯材属于水溶性,则可使芯材悬浮在油相中,在引发剂的作用下聚合反应形成微囊,这种方法被称为反向悬浮聚合法。

复合凝聚法是利用两种相反电荷的水溶性高分子材料作为微囊的复合壁材,在相应条件下混合均匀发生凝聚反应。美国在 1911 年提出该理论,后期经过系统的研究,物质的凝聚现象改称为复凝聚法。通过改变体系的 pH 值、温度和引入离子等条件,可溶性络合物的表面性质发生改变,减小体系自由能,可得到包含溶剂相和凝聚相的两相体系,凝聚相包覆芯材表面形成聚合物微囊。复合凝聚法采用水溶性材料作为微囊壁材时,材料溶解后离子在水中游离带有电荷,根据电荷的正负可分为两性高分子材料、阴性高分子材料或阳性高分子材料。

溶剂挥发法是将高分子聚合物壁材和芯材加热溶解在易挥发的有机溶剂中(如戊烷、氯仿和石油醚等),然后加入含有稳定剂的水相中,搅拌形成含有聚合物壁材和芯材的油相液滴,随着温度的升高,有机溶剂挥发,聚合物逐渐向外迁移并硬化,形成聚合物微囊。包覆过程中不涉及化学反应,和其他方法相比,溶剂挥发法易于操作、原理简单、条件温和。也可以将材料放入乳液中,经过高速旋转形成水包油乳液,使材料形成一个个分散的球体,再经过加热使有机溶剂挥发,壳体材料强度逐渐变高而形成一个个微囊。包覆时不需要精密设备,适合包覆不同种类的芯材。

模板法制备微囊的原理是将聚合物材料沉积到特定形状的模板孔中,聚合物在模板内聚合完成后,通过溶剂将模板除去,得到具有特定形貌的聚合物微囊。模板法根据模板特点和功能分为软模板和硬模板两种:前者是用气泡、聚合物囊泡和乳液液滴等为模板,将粒子吸附到软模板上,在较温和条件下合成微囊,操作较简单,适合合成中空结构微囊;后者是用较硬的材料做模板,通过静电吸附或化学反应等形成硬颗粒模板,然后形成壳体材料,去除硬模板后得到微囊。

2.4.2　试剂和原料

增稠剂是提高液体黏度,使液体维持稳定的凝胶状态、悬浮状态或乳浊状态的助剂。增稠剂在提高物质黏度方面具有明显效果,具有使用量少、增稠效果明显和稳定性好等特点。常用的增稠剂大约有 40 多种,根据来源可分为合成增稠剂和天然增稠剂。天然增稠剂有明胶、阿拉伯树胶、黄原胶、瓜尔胶和果胶,天然增稠剂因其安全性而能广泛应用于食品和药物中,但是增稠效果比合成增稠剂差。合成增稠剂主要有淀粉磷酸钠、聚丙烯酸钠、海藻酸钠、羟甲基纤维素钠和藻蛋白酸钠,高分子中存在的疏水性基团与接触的水分子间通过氢键结合,提高增稠剂本身的流动体积,限制分子间的活动空间,从而增加体系黏度。聚丙烯酸钠为阴离子型增稠剂,分子结构中含有大量的亲水性基团,与水分子结合能增加体系黏度,改变水溶液流变形态,维持体系稳定性。如图 2-7 所示,聚丙烯酸钠为白色粉体,溶于水后变成黏稠状胶体,表现出较好的保水性和润湿性,呈现出较好的水丝体拉伸效果,且具有高黏度,远优于羟甲基纤维素钠等其他高分子增稠剂,黏度是其 20 倍左右。聚丙烯酸钠在水中溶解后形成透明液体,水溶液黏度的增长由分子内的离子作用造成,内部分子质量不断增长,分子链不断缔合,分子链条相互交错、限制运动,从而形成高黏度增稠液体。因此选择聚丙烯酸钠作为乳化炸药的增稠剂,能够显著增稠乳化炸药,使其不脱离炮孔。

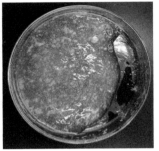

（a）聚丙烯酸钠　　　　　　　　（b）聚丙烯酸钠溶于水

图 2-7　直观图

在微囊制备中,微囊壁材的结构和成分对微囊的功能和性质至关重要,也是获得性能优异和高合成效率微囊的重要条件。微囊壁材结构有全包覆型、多孔型和缓释型,如图 2-8 所示。选择微囊壁材时,需要考虑壁材与芯材的搭配且不发生反应,还要斟酌高分子包覆材料本身的物化性质,如吸湿性、稳定性、机械强度、成膜性和溶解性等因素。微囊壁材的选择与芯材和制备方法有关,芯材为聚丙烯酸钠新型高分子材料,溶于水后变为黏稠性极强的液体。采用溶剂挥发法或喷雾干燥法制备微囊,芯材内部含有的水分快速蒸发而失去对乳化炸药增稠的作用。复合凝聚法所用的壳体材料为水溶性聚合物材料,分子处于游离状态时带电荷,与芯材性质相近。海藻酸钠是存在于藻类中的天然多糖,是粉末状、强亲水性的高分子材料。海藻酸钠无害、环保、可成膜和有黏性等,广泛应用于印纺和食品加工领域。海藻酸钠溶液有 Sr^{2+}、Ca^{2+} 等阳离子时,海藻酸钠中的钠离子与阳离子发生离子交换反应形成网状结构,生成具有高弹性和机械强度的凝胶。

采用复合凝聚法合成增稠微囊,增稠微囊的制备过程主要分为三步(图 2-9):首先,在 20 g 去离子水中缓慢加入 0.2 g 聚丙烯酸钠和 0.4 g 海藻酸钠,搅拌均匀形成黏稠状增稠剂,在超声波中振荡 0.5 h 去除内部气泡,再继续搅拌使内部分子链条相互交错,增加增稠效果;其次,用 5 mL 注射器(拔掉针头)吸取一定量的增稠剂,插入针头(针头直径 0.5 mm,去除外部 20 mm 长的金属部分,防止增稠剂在细管内堵塞),再将吸取的增稠剂在针口处挤出一定体积,放入装有

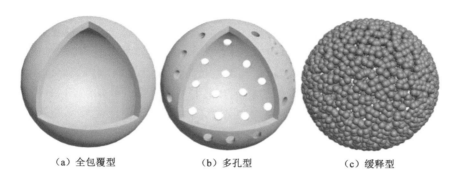

（a）全包覆型　　　　　（b）多孔型　　　　　（c）缓释型

图 2-8　微囊壁材结构示意图

2%CaCl₂ 溶液的培养皿中,并用光滑的薄铁片使增稠剂液滴与注射器分离;最后,增稠剂与氯化钙中的钙离子发生交换反应生成海藻酸钙壳体,1 s 后从氯化钙溶液中快速取出微球,用去离子水洗去微球表面的氯化钙溶液,使得内部增稠剂不再与壳体表面的氯化钙溶液继续反应,形成封装增稠剂的微囊。芯材为聚丙烯酸钠黏稠溶液,海藻酸钠溶于增稠剂中。针头挤出的增稠剂中,外部海藻酸钠作为成膜材料,海藻酸钠遇到 Ca^{2+} 会反应生成具有一定强度和硬度的膜,通过控制时间和反应速度进而控制膜的厚度,形成海藻酸钙弹性体包覆聚丙烯酸钠增稠剂微囊。

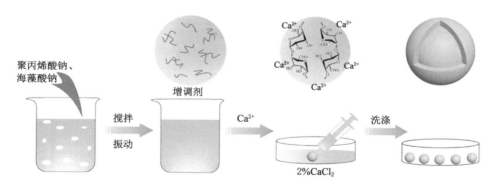

聚丙烯酸钠、海藻酸钠　　　增调剂　　　　　2%CaCl₂

搅拌振动　　Ca²⁺　　洗涤

图 2-9　增稠微囊制备流程图

通过以上的流程制备出可泵送地下矿用乳化炸药和增稠微囊,现在对基于增稠微囊的地下矿用乳化炸药的应用过程进行简单介绍。在地下金属矿的开采过程中采用上向打孔和装药,起爆后在乳化炸药高威力作用下,矿石被粉碎而向下脱落,用机械将矿石移走并提炼,有计划地开采围岩并用提炼后的废渣填充采空区,从而继续向上开采。如图 2-10 所示,当地下矿爆破作业采用上向孔进行泵送装药时,添加一定比例增稠微囊的地下矿用乳化炸药通过橡胶软管输送到炮孔中。在泵送过程中,微囊结构完好,壳体不被破坏,内部增稠剂与乳化炸药隔离不发挥作用,增稠微囊对乳化炸药的黏度和稳定性无影响,低黏度乳化炸药在软管内能够顺利泵送。当乳化炸药到达管口处时,管口处加装的三叶螺旋桨在高速旋转,可将增稠微囊破坏并均匀分散在乳化炸药中。受外部高速剪切作用,增稠微胶囊壳体被破坏并释放出增稠剂,增稠剂分散在乳化炸药中,使低黏度的乳化炸药的黏度瞬间增大。地下矿用乳化炸药到达炮孔后的黏性增强,可以较好地附着在炮孔壁面上不脱落,从而解决地下金属矿爆破作业中上向孔装药返药问题。

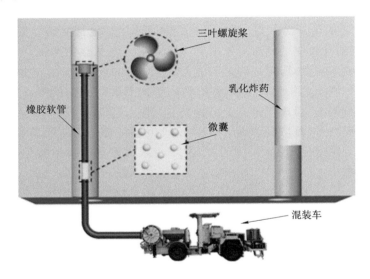

图 2-10　新型地下矿用乳化炸药泵送示意图

2.4.3　增稠微囊的表征

制备的增稠微囊如图 2-11(a)所示,增稠微囊为透明的球形结构,粒径较为统一,较难观察到增稠剂液滴与注射器针头分离处,说明在 Ca^{2+} 的作用下,分离处已经形成一定厚度的壳体,不会出现增稠剂流出而影响体系黏度的情况。增稠微囊在外力作用下壳体结构破裂,释放内部的增稠剂液体,如图 2-11(b)所示。增稠微囊破坏后增稠剂流出,海藻酸钙收缩成很小的一部分,说明增稠微囊中增稠剂的占比含量较高。采用显微镜观察增稠微囊的结构(图 2-12),增稠微囊的壳体表面较为光滑,表面有薄薄的褶皱,壳体没有空洞结构,说明海藻酸钙壳体能够较好地包覆增稠剂,微囊不会因破坏而释放增稠剂对乳化炸药黏度造成影响。下节将采用光学显微镜、黏度计和爆轰性能测试对增稠微囊的作用进行探索,探究增稠微囊对地下矿用乳化炸药的增黏效果和增黏机理,以及对乳化炸药的性能影响。

　　（a）增稠微囊　　　　　　　（b）破碎后的增稠微囊

图 2-11　增稠微囊数码照片

图 2-12　增稠微囊光学显微镜照片

　　选取聚丙烯酸钠高分子材料作为地下矿用乳化炸药的增稠剂,聚丙烯酸钠分子间相互结合形成长分子链,而分子链条之间互相交错,使被增稠物体的运动被束缚,形成高黏度增稠物体。采用复合凝聚法制作增稠微囊:海藻酸钠具有成壳和增稠双重作用,与 Ca^{2+} 发生交换反应生成海藻酸钙;海藻酸钙是具有高弹性和机械强度的凝胶，能包覆增稠剂，形成增稠微囊。增稠微囊呈球形透明结构，粒径约为 2 mm，可对增稠剂进行有效封装。增稠微囊的主要功能是在泵送过程中为增稠剂起到隔离作用，并在管口处壳体破裂瞬间释放出增稠剂，从而使乳胶基质的黏度增加。

2.5 增稠微囊对乳化炸药稳定性的影响

乳化炸药属于高内相比的油包水型过饱和乳液，是不稳定的非牛顿流体。乳化炸药的稳定性指保持物理性质、爆轰性能和化学性质不变的能力，是衡量乳化炸药性能的一项重要指标。随着时间的增加，乳胶基质的油包水结构在不断被破坏，硝酸铵晶体析出，乳化炸药的稳定性降低。在确保乳化炸药爆轰性能符合标准的前提下，可泵送炸药的行业储存期为一个月左右。金属储氢材料加入乳化炸药中能够提高乳化炸药的爆轰性能，但储氢材料与乳胶基质之间的相容性差，储氢材料直接加入会使乳化炸药破乳，如 MgH_2 会与乳胶基质反应释放氢气，降低乳化炸药的安全性。为了提高乳化炸药的做功能力，研究人员在乳化炸药中加入猛性炸药、过氯酸盐和高能燃料（如钛粉、硼粉和铝粉等）。猛性炸药的加入提高了乳化炸药的感度，颗粒表面的尖锐棱角破坏了乳胶基质的油包水结构。高能燃料在乳胶基质中具有催化作用，能加快乳化炸药破乳过程，因而在提高乳化炸药威力的同时降低了其稳定性。

课题组前期制备一种具有敏化和含能双重作用的含能中空微囊，以亚克力高分子聚合物为壳包覆氢化钛，形成具备中空结构的微囊，微囊壳体为光滑的聚合物材料，具有较好的热稳定性，与乳胶基质有很好的相容性。不同添加物对乳胶基质稳定性的影响不同，同时也与添加物的接触面积大小有关。具有壳体结构的微囊对乳化炸药稳定性的影响较为特殊：与乳化炸药接触的是惰性聚合物材料，对乳胶基质影响较小，芯材虽然对乳化炸药性能有很大影响，但与乳胶基质不接触，只有外层壳体破坏释放内部芯材才对乳化炸药性能产生显著影响。

采用微囊技术制备增稠微囊加入地下矿用乳化炸药中，测试增稠微囊对地下矿用乳胶基质的影响。将增稠微囊加入乳胶基质中，经过高速剪切破坏微囊壳体结构，观察增稠前后乳胶基质的物理状态变化及增稠剂在乳胶基质内分布的状态。采用旋转式黏度计测量添加不同比例增稠微囊的乳胶基质黏度，对比剪切前后乳胶基质黏度随温度和时间的变化状况，并用含有复合蜡的乳化炸药黏度作为参照。采用热重-质谱同步联用仪对基于增稠微囊的地下矿用乳化炸药的热稳定性进行测试。

2.5.1　微观形貌表征

增稠微囊和微囊在乳胶基质增稠前后宏观和微观结构如图 2-13 所示。

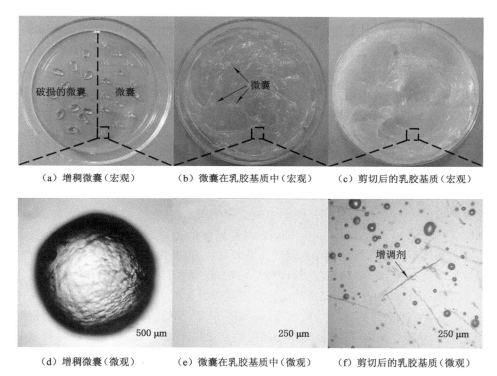

（a）增稠微囊（宏观）　　　（b）微囊在乳胶基质中（宏观）　　　（c）剪切后的乳胶基质（宏观）

（d）增稠微囊（微观）　　　（e）微囊在乳胶基质中（微观）　　　（f）剪切后的乳胶基质（微观）

图 2-13　微囊和乳胶基质的数码照片与 OM 图

图 2-13（a）是以海藻酸钠和钙离子为凝胶剂，将聚丙烯酸钠增稠剂包封于球形微胶囊中，将制备的增稠微囊放入干净的培养皿中，用外力压破左侧部分增稠微囊，内部增稠剂释放，海藻酸钙壳体收缩成很小的一部分，表明成功将增稠剂封装在海藻酸钙壳体内。图 2-13（d）是使用光学显微镜观测的完整增稠微囊结构，从 OM 图中可以看出微囊表面形成海藻酸钙壳体，壳体表面为较为光滑的褶皱状，粒径约为 2 mm。将增稠微囊加入地下矿用乳胶基质中拍摄的数码照片如图 2-13（b）所示，乳胶基质是具有一定通透度的胶体，可以看到内部的一个个球体，增稠微囊具有一定强度，在乳胶基质中可以保存完整。从加入微囊的样品中取出部分乳胶基质在光学显微镜下拍摄，如图 2-13（e）所示，从 OM 图中可以看出乳胶基质整体均匀、无析晶，说明乳胶基质与增稠微囊的相容性较好。为避

免剪切对乳胶基质结构造成破坏,采用与制备乳胶基质相同的三叶搅拌头在 1 000 r/min(乳化炸药制备乳化速度 1 200 r/min)的速度下破坏增稠微囊,使微囊内部增稠剂释放出,并在乳胶基质内均匀分布。增稠后的乳胶基质如图 2-13(c)所示,与图 2-13(b)对比可以看出乳胶基质的物理状态发生变化,乳胶基质不再具有透明度,乳胶基质的黏稠度增加。将增稠后的乳胶基质在光学显微镜下观察,如图 2-13(f)所示,从 OM 图中可以看出:内部球体结构为搅拌过程中产生的气泡,纵横交错的细丝线条为增稠剂,高速剪切后增稠剂从微囊内释放;增稠剂呈线性网状结构分布在乳胶基质中,细丝状增稠剂与乳胶基质的油包水结构液滴相连,相互交错形成三维网状结构,并撑起体系构架;液滴位置被固定,阻力增大难以运动,增加体系黏度。

2.5.2 增稠微胶囊对乳胶基质黏度的影响

用 RVDV-1 型数显旋转式黏度计研究添加增稠微囊的新型地下矿用乳化炸药黏度随温度变化的情况。根据不同转子和转速对乳胶基质黏度进行测量,最终发现 7 号转子在 10 r/min 转速下测量黏度的范围最适合。乳化炸药在水浴锅内加热至 62 ℃,将温度传感器放入乳胶基质内,乳化炸药在自然环境下降温,用数据线将黏度计与电脑相连,软件将自动记录不同时刻黏度和温度的数值。当温度降至室温时,用高低温循环箱将内部温度设置为固定值,将乳化炸药放置在内部,半小时后快速测试乳胶基质黏度,每间隔 5 ℃对乳化炸药进行降温并测量黏度。在−20~60 ℃内,得出乳化炸药黏度的变化如图 2-14 所示。图 2-14(a)显示了 1%、2%和 3%增稠微囊加入乳胶基质(未高速剪切)后黏度随温度变化的曲线。乳胶基质黏度和添加增稠微囊的乳胶基质黏度都随着温度的降低而升高,在−20 ℃低温环境下乳胶基质黏度为 96.9 Pa·s。四组乳胶基质黏度曲线靠拢,可以说明增稠微囊的加入对乳胶基质黏度无影响。添加不同比例增稠微胶囊的乳胶基质在 1 000 r/min 高速剪切下的黏度变化如图 2-14(b)所示,添加 1%、2%和 3%增稠微囊的乳胶基质(高速剪切后)的黏度依次显著增加,说明增稠剂发挥作用,对乳化炸药进行增稠。乳胶基质黏度(剪切后)随着增稠微囊含量的增大而升高,而且增稠后乳胶基质的黏度依然随温度的增加而降低。

地下矿用乳化炸药从制备到使用当天内完成,因此需要乳化炸药在 12 h 内黏度不发生较大变化。为探究基于增稠微囊的地下矿用乳化炸药在增稠前后黏度随时间的变化规律,即增稠微囊加入乳化炸药后,海藻酸钙壳体材料能否阻挡增稠剂对乳胶基质发挥作用以及增稠剂对乳胶基质的增稠作用(高速剪切前后)是否随时间而发生变化,在常温下测量加入不同比例增稠微囊的乳化炸药在高速剪切前后乳胶基质黏度随时间的变化,每小时测量一次。图 2-15(a)所示为添

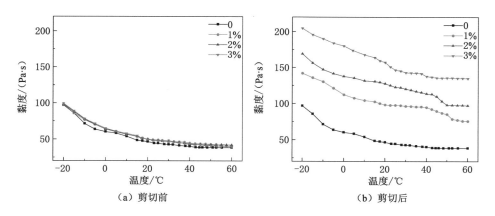

图 2-14　不同含量增稠微囊的乳胶基质黏度随温度变化曲线图

加不同含量增稠微囊的乳胶基质剪切前黏度随时间的变化情况,地下矿用乳胶基质黏度为 49.6 Pa·s,添加不同质量比增稠微囊后乳胶基质黏度没有较大变化,乳胶基质黏度随时间增加而不发生变化,说明增稠微囊壳体结构没有破坏而释放内部增稠剂。图 2-15(b)所示为添加不同含量增稠微囊的乳胶基质在 1 000 r/min剪切下黏度随时间的变化情况,高速剪切后乳胶基质黏度显著增加,黏度随着时间的增加变化不明显,在固定数值上下波动。这是由于测试乳胶基质位置不同,三维网状结构增稠剂在乳胶基质中分布不均匀,造成乳胶基质黏度存在一定的波动。结果在误差允许范围内,说明泵送过程中微囊具有良好的封装效果,并且到达炮孔后乳化炸药中增稠剂的增稠效果非常稳定,满足施工要求。

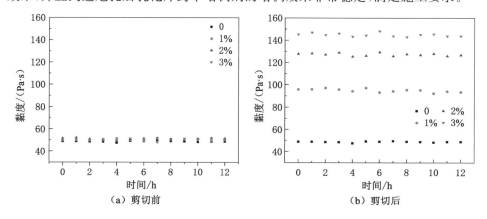

图 2-15　不同含量增稠微囊的乳胶基质黏度随时间变化曲线图

复合蜡是由石蜡、微晶蜡和凡士林等按不同配比混合而成的,复合蜡在室温下接近固态,具有很高的黏度。复合蜡加入油相中制备乳胶基质能够提高基质的稳定性和黏度,传统乳胶基质含量为2%左右,其黏度除了不能满足软管泵送要求外,但能满足在上向孔中的稳定附着,不会呈现乳化炸药在炮孔内掉落的现象。为确定新型地下矿用乳化炸药增稠微囊合适的添加量,制备含2%复合蜡的乳胶基质黏度作为参照,配方见表2-6,测得黏度为132 Pa·s。当添加2%增稠微囊时,新型地下矿用乳化炸药在1 000 r/min高速剪切后测得的黏度为127.9 Pa·s(模拟到达炮孔后的状态),接近含2%复合蜡的乳胶基质黏度,从而确定增稠微囊添加量为2%。

表2-6 2%复合蜡乳化炸药配方

组分	NH_4NO_3	$NaNO_3$	H_2O	$C_{12}H_{26}$	$C_{18}H_{38}$	Span-80	T155
质量比/%	75	8	10	2	2	1.5	1.5

综上所述,增稠微囊在泵送过程中由于封装效果好,微囊内部增稠剂不会释放出来,进而维持矿用乳化炸药的黏度不变,满足乳化炸药泵送的要求;当乳化炸药到达炮孔后,微囊内的增稠剂能够实现稳定的孔内增稠;新型矿用乳化炸药的黏度(剪切前后)依然随温度的增加而减小,温度降低会影响乳化炸药的泵送,但对上向孔装药的附着有益。对比研究结果表明,新型矿用乳化炸药中的增稠微囊质量比为2%,其黏度满足上向孔装药不返药的要求。

2.5.3 增稠微囊对乳化炸药热稳定性的影响

热重和差示扫描量热分析是在程序自动控温条件下,在氩气、氮气、氧气或空气氛围内测量样品的物理化学性质随温度变化的一种热分析技术。热重分析可用于测量物质分解、氧化还原和热稳定性,差示扫描量热可测量样品和参比物的功率差与温度之间的关系,用来研究材料的热稳定性。在不同气体氛围和升温速率下,跟踪检测和记录样品的重量变化规律、吸热峰或放热峰所在的温度范围,根据样品所含的物质,分析样品在一定温度下发生的物相变化,在所属气体氛围下推测样品在升温过程中发生的物理或化学变化。

乳化炸药为自供氧物质,在爆炸过程中不需要外界提供氧,并且具有亚稳定性,在储存的过程中自身会发生热分解反应,尤其当一些添加剂加入乳胶基质时,乳胶基质内部热释放量加大,导致乳化炸药内部的热量产生速率大于体系向外界散热的速率,会发生自催化加速反应,易受外界热源、摩擦和撞击而诱发爆炸。如图2-16所示,使用瑞士梅特勒托利多公司生产的TG/DSC型热重分析仪测试地下矿用乳化炸药热稳定性。设置升温区间为 30～650 ℃,升温速率为 5 ℃/min,试验时称量 10 mg 地下矿用乳化炸药放入 70 μL 氧化铝坩埚中,将坩埚放置在托盘中央的热传感器上。根据对比增稠前后乳胶基质的失重情况和热分解曲线,可以得出增稠微囊对乳胶基质的热稳定性影响。

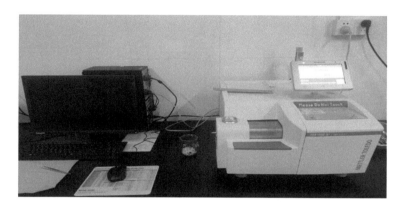

图 2-16　TG/DSC 型热重分析仪实物图

　　根据黏度测试结果可得添加质量比为 2% 增稠微囊的黏度满足上向孔装药不返药要求,因此对添加 2% 的增稠微囊的乳化炸药(高速剪切后)和未添加增稠微囊的乳化炸药进行热分析测试,得到的 TG-DSC 曲线如图 2-17 所示。

　　TG 曲线如图 2-17(a)所示,试样存在两个失重阶段:第一阶段为 120 ℃ 以下乳胶基质中水的蒸发,未添加增稠微囊的乳胶基质大约有 14.5% 的质量损失,而增稠后乳胶基质质量损失大于未添加增稠微囊的乳胶基质,质量损失为 16.4%,主要是在乳胶基质间的增稠剂中水蒸发造成的;第二阶段为 120～280 ℃ 区间上硝酸铵和易挥发油相受热分解的质量损失,未添加增稠微囊的乳胶基质质量损失为 73.9%,乳胶基质增稠后的质量损失为 74.7%,之后未见乳化炸药有明显失重现象。

　　DSC 曲线如图 2-17(b)所示,增稠后的乳胶基质在 58.1～85.3 ℃ 区间上有一个吸热峰,这是因为增稠剂中水含量占比大,增稠剂分散在乳胶基质中,受热后水分吸热挥发。未添加增稠微囊的乳化炸药热分解起始温度为 264.3 ℃,放热峰峰值温度为 272.3 ℃,最大热流为 8.14 W/g;乳化炸药(增稠后)的热分解起始温度为 262.6 ℃,放热峰峰值温度为 270.1 ℃,最大热流为 6.78 W/g。放热峰产生的原因为乳胶基质中复合油相将水相包覆起来,使硝酸铵的热分解产生的气体难以挥发出去,当油包水结构因高温破坏后,产物具有的催化作用加速物质反应而集中放热。在 305.6 ℃ 时两组乳胶基质都出现一个吸热峰,而 TG 曲

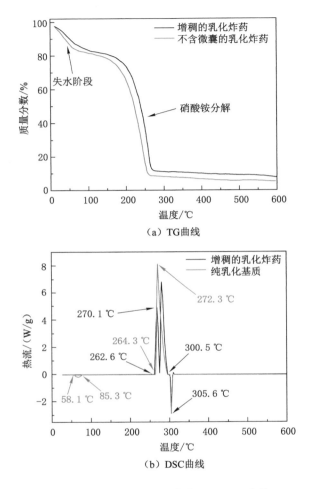

（a）TG曲线

（b）DSC曲线

图 2-17　增稠前后乳化炸药的 TG-DSC 曲线

线却没有明显下降,可认为是乳胶基质中未参与反应的硝酸钠熔融吸热造成的。乳化炸药增稠前后热分解起始温度相差 1.7 ℃,放热峰峰值温度相差 2.2 ℃,温度差值很小,最大热流相差 1.36 W/g。由此可以得出增稠剂对矿用乳化炸药的热稳定性影响较小。

借助光学显微镜、数显旋转式黏度计和同步热分析仪研究增稠微囊对地下矿用乳化炸药的稳定性影响。从光学显微镜观察得出增稠剂以线性网状结构均匀分散在乳胶基质中,细丝状增稠剂相互交错形成三维网状结构,并撑起体系构架,液滴位置被固定,阻力增大难以运动,从而增加体系黏度。运用黏度计测试得出增稠微囊在未破损情况下对乳胶基质黏度没有影响,经高速剪切后黏度显著增大。地下矿用乳化炸药黏度(高速剪切前后)随温度的增加而降低,添加质量比为 2% 的增稠微囊经剪切后黏度满足上向孔装药在孔内稳定附着的要求,在 12 h 内黏度保持稳定,地下矿用乳化炸药在炮孔内一天时间内不会发生炸药脱落情况。乳化炸药在增稠前后的 TG 和 DSC 曲线类似,说明增稠微囊对乳胶基质热稳定性影响较小。

2.6 　增稠微囊对乳化炸药爆轰性能的影响

乳化炸药自 20 世纪 60 年代问世到现在,已成为爆破行业应用最广泛的工业炸药,2023 年产量达 270 万 t,占民用炸药生产总量的 80% 以上。乳胶基质没有雷管感度,对乳胶基质采用化学或物理敏化,即向乳胶基质引入适量均匀的气泡,使其能被雷管起爆,是乳化炸药的生产工艺之一。乳化炸药惯用的敏化剂有膨胀珍珠岩、亚硝酸钠、玻璃微球等,空心玻璃微球具有强度高、粒径均一和重量轻等优势,常用作乳化炸药的敏化剂。空心玻璃微球内部的空心结构为乳胶基质引入众多微小气泡,在冲击波的绝热压缩作用下,气泡位置形成热点向四周快速扩散,周围的乳胶基质迅速发生爆轰反应,并向未爆乳化炸药的爆轰提供能量,使乳化炸药的爆轰持续进行。

乳化炸药的爆轰性能受乳胶基质材料的配比和敏化的影响。乳化炸药的爆轰过程涉及复杂的物理、化学和流体动力学等问题,乳化炸药的爆轰是爆轰波沿未爆乳化炸药一层一层传递的过程。爆轰波被认为是一个具有化学反应区的强冲击波。冲击波前反应速率为零,乳化炸药的消耗与补充处于平衡状态,反应区内介质在局部处于热力学平衡,爆轰波可看作由化学反应区和冲击波构成。猛度、爆速和冲击波超压等爆炸测试性能指标被普遍用于衡量乳化炸药威力的强弱。例如,低爆速乳化炸药用于爆炸焊接不同的异性金属材料,高威力乳化炸药用于花岗岩等高硬度岩石。这些爆轰参数可针对性地对乳化炸药在不同环境中的应用提供支持,使乳化炸药在应用中以较少的量达到最好的爆破效果,为爆破施工方案制订和安全提供理论和技术支撑。

乳化炸药爆轰性能参数是评价乳化炸药威力的重要参数,在炸药应用中具有十分重要的意义。前一节探索增稠微囊对自制地下矿用乳胶基质稳定性的影响,测算出增稠微囊适当的添加量。课题组前期经过大量试验得出玻璃微球的最佳粒径和用量,对地下矿用乳胶基质在不同环境下的性能进行对比。通过铅柱压缩、爆速和空中爆炸试验,课题组测试地下矿用乳化炸药在低温和增稠前后的爆轰性能,得出超低温和增稠微囊对乳化炸药爆轰性能的影响。

2.6.1 地下矿用乳化炸药样品的制备

乳化炸药由乳胶基质加入敏化剂混合搅拌均匀而成,敏化气泡在爆轰波的冲击压缩下形成"热点"而激发乳化炸药的爆轰过程。如图 2-18 所示,玻璃微球为球形空心壳体结构,没有杂质附着在表面,壁厚为 $1\sim2~\mu m$,是常用的物理敏化剂。如图 2-19 所示,玻璃微球的 $D_{50}=34.67~\mu m$,堆积密度为 $3.91~g/cm^3$。采用淮南舜泰化工生产的乳胶基质作对照组,乳胶基质组分的质量比见表 2-7。

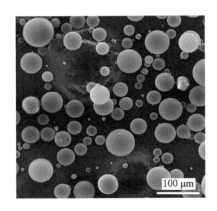

图 2-18　玻璃微球扫描电镜图

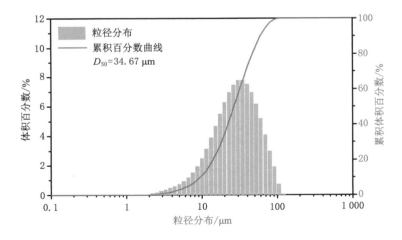

图 2-19　玻璃微球粒径分布曲线图

表 2-7　乳胶基质的成分组成

成分	NH_4NO_3	$NaNO_3$	H_2O	$C_{12}H_{26}$	$C_{18}H_{38}$	$C_{24}H_{44}O_6$
质量比/%	75	8	10	1	4	2

前期试验中,通过爆速和水下爆炸能量测试研究玻璃微球含量对乳化炸药爆速、比气泡能和比冲击波能的影响,当玻璃微球与乳胶基质的质量配比为 4∶96 时,乳化炸药的爆炸威力最佳。为防止敏化剂对不同乳胶基质的爆轰威力产生影响,对样品全部采用 4%玻璃微球敏化。根据 2.3 节试验得出 4# 乳胶基质的稳定性和耐低温性能最好,因此选择 4# 乳胶基质为地下矿用乳胶基质,标注为乳胶基质 1,乳胶基质 2 为舜泰化工生产,不同乳化炸药样品的组成成分见表 2-8。乳化炸药样品 A_1 的制备:将乳胶基质 2 在 50 ℃条件下加热 30 min,使其流动性增加,向乳胶基质中加入 4%玻璃微球,在常温下搅拌均匀。地下矿用乳胶基质具有较好的流动性和低黏度,敏化搅拌时不需要对基质进行加热。样品 A_2 为乳胶基质 1 添加 4%玻璃微球,在常温下混合均匀。样品 A_3 为乳胶基质 1 中添加 4%玻璃微球,在常温下混合均匀,再添加 2%增稠微囊并经过三叶搅拌头高速剪切增稠,模拟矿用乳化炸药在上向炮孔中的应用环境。样品 A_4 为乳胶基质 1 中添加 4%玻璃微球,在常温下搅拌均匀,在 −20 ℃低温环境下储存 12 h,模拟乳化炸药在超低温环境中的应用。

表 2-8　不同乳化炸药样品制备

样品	乳胶基质 1/%	乳胶基质 2/%	玻璃微球/%	增稠微囊/%	−20 ℃储存/h
样品 A_1	0	96	4	0	0
样品 A_2	96	0	4	0	0
样品 A_3	94	0	4	2	0
样品 A_4	96	0	4	0	12

2.6.2　猛度与爆速测试

为避免爆炸测试产生的冲击波和噪声对人员、设备和建筑物造成危害,爆速、铅柱压缩及空中爆炸试验等全部在爆炸碉堡内进行。爆炸容器位于安徽理工大学爆炸科学与工程系测试中心,如图 2-20 所示,其直径为 3 m,体积为 25 m³,底部用沙子覆盖 0.5 m 厚度,其最大爆炸药量(TNT 当量)为 1.0 kg,可承载最大静压为 2.0 MPa。

铅柱压缩值是衡量乳化炸药破坏与其接触物体能力的一个重要参数,采用

图 2-20　爆炸试验碉堡

铅柱压缩法测量。如图 2-21 所示,未压缩铅柱的初始直径和高度分别为 40 mm
和 60 mm。乳化炸药药柱与铅柱之间采用优质碳素钢钢片隔开,钢片的半径和
厚度分别为 20.5 mm 和 10 mm。底座采用直径为 30 cm 的中碳钢钢板。将牛
皮纸裁剪为长 15 cm、宽 6 cm 的长方形,用固体胶将纸粘成直径为 40 mm 的圆
筒。再用牛皮纸剪直径为 50 mm 的圆,四周剪成 5 mm 长的类似锯齿状,粘到
圆筒外部,形成底筒。将乳化炸药装入制备好的纸筒中,由于地下矿用乳化炸药
含水量高,雷管感度低,不能被 8 号雷管起爆,45 g 被测药需要加入 5 g 钝化黑
索金作起爆药。起爆药中黑索金和石蜡质量比为 100∶5,密度为 1.65 g/cm³,
采用聚乙烯塑料膜包裹在雷管底部,做成圆柱形药包。每组乳化炸药样品做 3
次以上测试,并将测得参数取平均值。

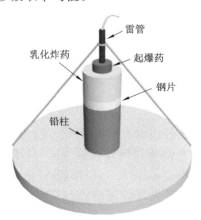

图 2-21　铅柱压缩示意图

爆速是爆轰反应在乳化炸药中的传递速度,是衡量乳化炸药威力的重要参数之一。如图 2-22 所示,采用离子探针法测试乳化炸药爆速,将乳化炸药填充于直径为 40 mm、长为 40 cm 的 PVC 管中。

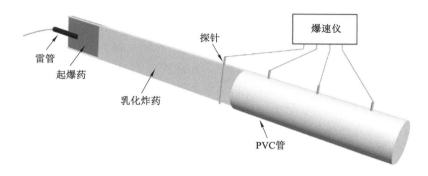

图 2-22　爆速测试示意图

采用铜芯漆包线作传感探针原件,将两根直径 0.15 mm 的漆包线旋转形成一根螺旋线,沿乳化炸药径向穿过且保持平行。探针在炸药内部应拉直,首尾均折向起爆点的反方向(防止爆炸过程中将探针首尾部分先炸断或通路),并用绝缘胶布固定。相邻探针的平行距离为 50 mm,测量三段爆速,探针共计 4 个。采用 50 g 威力较高的乳化炸药样品 1 作起爆药,为降低起爆药对新型地下矿用乳化炸药的影响,起爆药与最近探针的间距控制在 16 cm。探针通过铜导线连接智能五段爆速仪(图 2-23),乳化炸药爆炸时,爆轰波沿未爆炸药方向传播,爆轰波阵面处于高温状态,将漆包线表面的绝缘漆熔化,探针通路并快速传递电信号,爆速仪记录相邻探针之间开始传递信号的时间间隔。爆速计算方法如下:

$$D_i = \frac{L}{t_i} \tag{2-1}$$

式中,D_i 为爆速值,m/s;L 为测距,mm;t_i 为测得第 i 段时间间隔,μs。

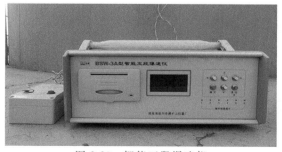

图 2-23　智能五段爆速仪

图 2-24 为四种乳化炸药试样的铅柱压缩结果,从左至右分别为未压缩铅柱、含水量 8％的传统乳化炸药样品 A_1(对比组)、未添加增稠剂的新型乳化炸药样品 A_2、加入 2％增稠剂的新型乳化炸药(剪切后)样品 A_3、-20 ℃冷冻 12 h 的新型乳化炸药 A_4 的铅柱压缩试验结果。从表 2-9 中的试验数据可以看出,在 RDX 强起爆下,样品 A_1 的铅柱压缩值为 18.5 mm,爆速为 5 176 m/s;样品 A_2 的铅柱压缩值为 18.1 mm,爆速为 5 133 m/s;样品 A_3 的铅柱压缩值为 17.6 mm,爆速为 5 030 m/s;样品 A_4 的铅柱压缩值为 17.0 mm,爆速为 4 618 m/s。样品 A_2 与 A_1 相比得出,制备的地下矿用乳化炸药爆速和铅柱压缩值与舜泰化工生产的乳化炸药接近,说明制备的地下矿用乳化炸药拥有较好的爆轰性能;样品 A_3 与 A_2 相比,样品 A_3 爆炸威力降低主要是因为增稠剂的主要成分是水,虽然增稠剂的加入使乳化炸药含水量整体增加,但对乳化炸药的爆轰威力影响很小,其铅柱压缩值和爆速分别只降低了 0.5 mm 和 103 m/s;样品 A_4 与 A_2 相比,样品 A_4 的铅柱压缩值和爆速分别降低 1.1 mm 和 515 m/s,超低温环境对地下矿用乳化炸药的爆轰性能是存在一定影响的,其爆速和铅柱压缩值分别降低 10％和 6.1％,说明新型地下矿用乳化炸药具有较好的抗低温性能。

图 2-24　四组乳化炸药铅柱压缩试验结果

表 2-9　四种乳化炸药的爆轰性能参数

样品	密度/(g/cm³)	铅柱压缩值/mm	爆速/(m/s)
样品 A_1	1.18	18.5±0.4	5 176±32
样品 A_2	1.12	18.1±0.6	5 133±37
样品 A_3	1.10	17.6±0.9	5 030±63
样品 A_4	1.12	17.0±0.5	4 618±52

2.6.3　空中爆炸测试

　　乳化炸药在空中爆炸时测得的参数对了解空气冲击波理论和气体动力学具有重要的意义。空中爆炸峰值超压和正压持续时间是评价冲击波损伤能力所必需的参数。以 5 g 钝化黑索金为起爆药、45 g 新型地下矿用乳化炸药为被测药，共 50 g,采用聚乙烯塑料膜包裹成球形药包。药包中心与传感器之间的距离为 70 cm 且保持水平,如图 2-25 所示。传感器的压电晶片将冲击波能量转变成微弱的电荷量,通过低噪声电缆传播到电荷放大器,电荷放大器将微电荷转换为与其成正比的电压,示波器将电信号转换成看得见的波形并储存记录。空中爆炸试验使用的传感器为 PCB 压力传感器,为防止传感器在冲击波作用下发生振动而影响数据,使用自制传感器固定装置将压力传感器固定在爆炸碉堡的壁面处。采用 YE585 型电荷放大器放大 30 倍,如图 2-26（a）所示,试验数据由 HDO403A 型数字储存示波器记录,如图 2-26(b)所示。

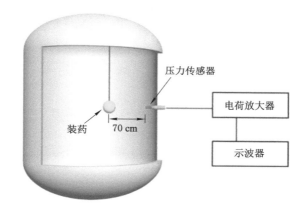

图 2-25　空中爆炸试验装置图

（a）电荷放大器　　　　　　　　（b）示波器

图 2-26　仪器实物图

空中爆炸试验记录的原始数据如图 2-27 所示,测得信号是噪声和原始信号叠加的结果,信号受到噪声的干扰而产生杂波,使后期的数据分析及计算产生误差,导致结果失真。空中爆炸时程曲线具有压力速率变化快、经历时间短的特点,因此采用小波分析对信号进行处理。小波分析是对时间和频率进行区域化分析,通过平移及伸缩等运算对信号多尺度分析,对波在高频时进行时间细分,在低频时进行频率细分,适应时频信号分析的高标准要求。小波分析是傅里叶分析之后的另一个有效分析方法,在频率域和时间域都具有高分辨率,适合处理瞬态爆炸信号,在信号去除波噪方面有较好的效果。

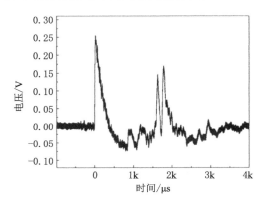

图 2-27 空中爆炸试验的示波器原始信号

对原始数据进行信号去噪,代入式(2-2)和式(2-3)得到冲击波峰值超压和正压作用时间。

冲击波峰值超压:

$$\Delta p_m = \frac{U_{max}}{K \cdot S_q} \tag{2-2}$$

冲击波正压作用时间:

$$t_+ = t_2 - t_1 \tag{2-3}$$

式中,U_{max} 为示波器显示的峰值电压;K 为电荷放大器的灵敏度;S_q 为传感器的压力-电荷灵敏度;t_1、t_2 为冲击波运动过程中压力为零时间。

为了得到冲击波峰值超压和正压作用时间,采用小波分析对空中爆炸数据拟合出最佳曲线,并外推到零时间,得到如图 2-28 所示冲击波压力-时间历史时程曲线。由表 2-10 可知,冲击波峰值超压从大到小依次是样品 A_3、A_4 和 A_2。样品 A_3 的峰值压力大于样品 A_2,说明增稠剂的加入在一定程度上能够提高乳化炸药的冲击波峰值压力;样品 A_4 的峰值压力也大于样品 A_2,说明超低温环境在一定条件下也会提高乳化炸药的冲击波峰值压力。分析认为,这主要和乳化基质中水的物态有关,加入增稠剂增稠地下矿用乳化炸药和超低温环境会使乳化基质中的水由液态转变为固态,乳胶基质黏度的增加增强了对乳化炸药样品的约束,加大了乳化炸药的爆炸威力,从而使峰值压力出现升高的现象。冲击波的正压作用时间是直接反映损伤作用时间的重要指标,样品 A_2 和 A_3 正压作用时间近似相同,说明增稠剂的加入对地下矿用乳化炸药的损伤作用时间影响较小。而 -20 ℃冷冻 12 h 的乳化炸药正压作用时间最长,为 484.7 μs,说明低温环境增加了乳化炸药的损伤作用时间。

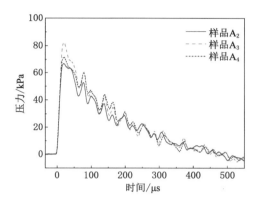

图 2-28   三种乳化炸药空中爆炸超压时程曲线

表 2-10   三种乳化炸药空中爆炸冲击波参数

样品	L/cm	$t_+/\mu s$	p_m/kPa
样品 A_2	70	468.2	67.2
样品 A_3	70	462.8	82.1
样品 A_4	70	484.7	71.6

通过铅柱压缩、爆速以及空中爆炸试验,研究了添加增稠微囊的地下矿用乳化炸药的爆轰性能,分析了增稠剂和超低温环境对地下矿用乳化炸药爆轰性能的影响。未添加增稠微囊的地下矿用乳化炸药的铅柱压缩值和爆速分别为 18.1 mm 和 5 133 m/s,向地下矿用乳化炸药添加 2%增稠微囊(增稠后)的爆速和铅柱压缩值略微降低,但冲击波峰值压力和正压作用时间增加。在超低温环境下储存 12 h 后地下矿用乳化炸药的爆速和铅柱压缩值分别降低 10%和 6.1%,冲击波峰值压力和正压作用时间分别增加了 6.5%和 3.5%。这说明增稠剂和超低温环境对地下矿用乳化炸药的爆轰性能有双重影响。对比可知,增稠剂对乳化

炸药性能的影响较小,超低温环境对乳化炸药的爆轰性能存在一定影响,但满足工程应用。

2.7 研究结论与创新点

围绕地下矿用乳化炸药泵送堵塞和孔内稳定附着时容易脱落等矛盾性问题开展试验,改进现场混装乳化炸药配方使地下矿用乳化炸药具有低黏度和较好的流动性,满足长距离泵送要求。以聚丙烯酸钠为增稠剂、海藻酸钙为壳体,采用复合凝聚法制备增稠微囊加入地下矿用乳化炸药中,测试添加增稠微囊的地下矿用乳化炸药的黏度、微观形貌、爆轰性能和热稳定性,研究增稠微囊的适宜用量和增稠微囊对乳化炸药的物理性质和爆轰性能的影响。

2.7.1 研究结论

① 改进现场混装乳化炸药配方用于地下金属矿,使其具有较好的流动性,满足长距离泵送要求,采用 T155 和司班 80 乳化剂复配提高乳化炸药的稳定性,在水相中加入尿素等提高乳化炸药的耐低温性能,使乳化炸药的稳定性和流动性满足恶劣环境下正常使用的条件。

② 以添加 1‰聚丙烯酸钠和 2‰海藻酸钠的溶液为增稠剂,增稠剂内海藻酸钠与氯化钙溶液中的钙离子反应生成海藻酸钙壳体,制备粒径为 2 mm 的增稠微囊。经高速剪切后,增稠剂以线性网状结构均匀分散在乳胶基质中,细丝状增稠剂相互交错形成三维网状结构,并撑起体系构架,液滴位置被固定,阻力增大难以运动,从而增加体系黏度。添加 2‰增稠微囊的新型地下矿用乳化炸药在泵送过程中具有良好的流动性和稳定性,微囊在泵送过程中不会破裂,满足在管路中长距离输送的要求。添加 2‰增稠微囊的新型地下矿用乳化炸药经高速剪切后满足在地下矿用乳化炸药孔内稳定附着的要求,能避免乳化炸药掉落造成浪费现象。

③ 增稠后的新型地下矿用乳化炸药(剪切后)的铅柱压缩值和爆速较未加入增稠微囊的乳化炸药分别只降低了 0.5 mm 和 103 m/s,而黏度却增加了近 2 倍,说明少量的增稠微胶囊可以显著提高乳化炸药的黏度,而对爆轰性能影响很小。地下矿用乳化炸药添加 2‰增稠微囊(增稠后)的爆速和铅柱压缩值略微降低,但冲击波峰值压力和正压作用时间增加。在超低温环境下储存 12 h 后地下矿用乳化炸药的爆速和铅柱压缩值分别降低 10% 和 6.1%,冲击波峰值压力和正压作用时间分别增加了 6.5% 和 3.5%。这说明增稠剂和超低温环境对地下矿用乳化炸药的爆轰性能有双重影响。

2.7.2　创新点

① 改进现场混装乳化炸药配方用于地下金属矿崩落法开采,使乳化炸药在长距离泵送过程中不会出现管路堵塞,在配方中加入尿素和采用低分子和高分子乳化剂复配,提高乳化炸药的稳定性和耐低温性能。

② 选用聚丙烯酸钠增稠剂对地下矿用乳化炸药进行增稠,使其黏度显著增加。选用聚丙烯酸钠作为地下矿用乳化炸药用增稠剂,少量增稠剂就能够显著提高乳化炸药的黏度,并对地下矿用乳化炸药的稳定性没有影响。

③ 引入微囊技术用于地下矿用乳化炸药,通过简单方式制备增稠微囊。增稠微囊不影响泵送过程中乳化炸药的黏度,当到达管口时,受外部三叶搅拌片高速剪切作用,增稠微囊壳体被破坏并释放出内部增稠剂,从而使地下矿用乳化炸药到达炮孔后的黏性增强,解决乳化炸药泵送和孔内稳定附着之间的矛盾问题。

第3章 耐压微囊的设计及爆轰性能研究

3.1 研究背景

乳化炸药是油包水(W/O)型炸药,具备很好的爆炸、抗水、环保和储存特性,得到了大范围使用和推广。乳化炸药具备雷管感度的关键是对乳胶基质进行敏化,静态敏化是目前常采用的敏化手段之一,即在乳胶基质中添加化学或物理敏化剂,常见的有 $NaNO_2$、玻璃微球和珍珠岩等。传统静态敏化的乳化炸药在遭受外部压力时,其内部的敏化气泡结构容易受到破坏,并且气泡周围的乳胶基质会局部破乳,在爆破作业中易发生拒爆或半爆。

乳化炸药能否大量生产和应用的一项重要指标是安全性问题。未添加敏化剂的乳化炸药被社会公认为是安全钝感炸药。近年来,因为乳化炸药存在安全性问题而引发了诸多炸药爆炸事件,对民众的生命和财产安全造成了严重影响。乳化炸药的密度因敏化剂的加入而改变,同时也拥有了雷管起爆感度,敏化剂的数量与大小对起爆也至关重要。乳化炸药的敏化剂常在工程爆破当中受外界压力的作用而被破坏,例如在深水工程爆破作业中,乳化炸药内部的敏化剂在水压到达一定大小时会被破坏;在延时爆破中,最先起爆的乳化炸药爆炸产生的冲击波会挤压未起爆的乳化炸药(动荷载)。压力减敏指乳化炸药敏化气泡在动、静荷载作用下被毁坏而导致爆轰特性降低,压力减敏会影响工程爆破效果,使乳化炸药发生半爆或拒爆,在处置盲炮的过程中存在严重的安全隐患。为了解决乳化炸药的动压减敏问题,本课题组研制了一种新型的乳化炸药用耐压微囊。漂珠主要来自煤发电厂的粉煤灰废渣,具备壳壁较薄与内部空心的结构,外观呈灰色球体,能够充当乳化炸药起爆所需的"热点"。乳化炸药的化学发泡剂在分解的时候能产生大量微小气泡并在乳胶基质中均匀分布,从而起到敏化乳化炸药的作用。"干水"是一种特殊的封装产品,可以使用疏水性的纳米二氧化硅通过简单的混合工艺生产,最终的产品是一个球形载体系统。依托泡沫灭火器的工作原理,我们在粉煤灰空心漂珠的基础上设计和制备了一种双层核壳结构耐压微囊。将内腔部分填充发泡剂助剂的漂珠与发泡剂溶液加入"干水"的水相中,通过高速剪切混合形成双层核壳结构微囊。在一定压力的范围内,微囊为双层中空结构,这种特殊结构隔开了发泡剂助剂固体与发泡剂溶液。当微囊外界压力过大时,微囊被压碎,发泡剂助剂和发泡剂溶液接触反应,产生大量气体。这种双层壳体结构的微囊可以作为乳化炸药用耐压微囊,增强乳化炸药的抗压能力。

乳胶基质和敏化剂构成乳化炸药,乳化炸药的爆轰是由敏化剂在爆炸冲击波的压缩作用下形成"热点"而引发的。传统乳化炸药生产过程中的核心是敏化,主要敏化方式能够分成化学、物理和机械三大种类,这三种敏化方式都能够改善起爆感度。化学敏化技术中经常使用亚硝酸盐、碳酸氢盐等,化学敏化具备一些优点,如敏化剂使用量较少从而降低了成本,同时化学敏化效果较好,因此得到了较为广泛的应用。尽管化学敏化乳化炸药的爆速比较高,但是容易产生发泡后效,敏化气泡比较容易聚集导致气泡变得过大并逸出,化学敏化乳化炸药在储存过程中稳定性比较低、易发生压力减敏现象。空心玻璃微球、漂珠和膨胀珍珠岩等是固体微小载气颗粒,在绝热压缩作用下形成"热点"。其中,物理敏化剂中的粉煤灰漂珠作为煤发电厂废弃物,用作乳化炸药敏化剂不仅能降低使用成本,还属于废物利用,本书中合成的双层壳体结构耐压微囊就是选用漂珠作为内核的。通过机械搅拌将空气引入乳胶基质中来敏化乳化炸药称为机械敏化,这种敏化工艺简单且成本低,但储存有效期短,适合当天敏化当天使用。

空心玻璃微球是一种密闭的微球,化学组分主要是 Al_2O_3 和 SiO_2,优点是壁不厚、质量轻。国外常用空心玻璃微球敏化乳胶基质,其敏化工艺简单,只需机械搅拌即可,但玻璃微球敏化用量大且价格比较贵,增加了使用成本,国内不常用。膨胀珍珠岩的内部结构呈蜂窝状,其主要化学成分是 Al_2O_3 和 SiO_2。它的敏化优点是:敏化形成的乳化炸药较为稳定,敏化过程不需恒温条件,炸药的硬度大,有较好的成形性,便于装药,乳化炸药密度大,敏化气泡抗压能力强,有效避免了较深炮孔处乳化炸药中气泡的逃逸,其敏化成本比玻璃球和树脂空心微球低。缺点是:膨胀珍珠岩体积较大且强度不高,在运输和保管过程中易受潮和破裂,增加了成本。膨胀珍珠岩在乳胶基质中分布不均匀会影响到乳化炸药的爆轰性能,成本比化学敏化高。$NaNO_2$ 在适宜的酸碱度和温度下,同乳胶基质中游离的 NH_4NO_3 接触后反应生成不稳定的 NH_4NO_2 和 $NaNO_3$。产物中 NH_4NO_2 十分不稳定,极易分解成 H_2O 和 N_2,其中 N_2 在乳化炸药中均匀分布,达到敏化的效果。费用较低、爆炸特性优异且易于机械敏化作业等都是亚硝酸钠敏化的优点。$NaNO_2$ 添加进乳胶基质中后,要求恒温下先将乳胶基质保温

4~24 h再进行敏化操作,特别是在温度较低的地区,这些则是亚硝酸钠敏化的缺点。人能直接通过肉眼看到化学敏化后的乳化炸药里有无数微小气泡,这些分布均匀的小气泡恰好为乳化炸药增加了雷管感度,优化了爆轰的持续传播,乳化炸药有一定的雷管感度才能被雷管等外界能量引爆并稳定爆炸。制备乳胶基质时所加的少量柠檬酸、硫脲、碳酸钠等添加剂也是为了促进敏化剂在乳化炸药里能够更好地发生化学反应,生成的气泡可以均匀分布在乳化炸药内部,使炸药稳定爆轰。亚硝酸钠发泡过程的方程式如下:

$$NH_4NO_3 + NaNO_2 \rightleftharpoons NH_4NO_2 + NaNO_3 \qquad (3-1)$$

$$NH_4NO_2 \rightleftharpoons N_2\uparrow + 2H_2O \qquad (3-2)$$

我国的电力供应还是以传统煤发电为主,煤炭在燃烧发电过程中会形成许多粉煤灰废弃产物。粉煤灰作为工业废渣之一,在工厂附近产生扬尘,污染大气环境,同时未及时处理掉的废渣会污染水土环境,危害居民的身心健康,成为企业的难题之一。而空心漂珠来自粉煤灰,是一种中空结构微球,壁薄,质量轻,价格低廉,能够充当乳化炸药物理敏化剂。

3.2 国内外研究现状

乳化炸药的压力减敏问题受到各国学者的广泛关注。研究人员通过发明一个制造简便、能炸毁的喷管设备开展试验,研究了动压作用下乳化炸药的相对感度,并研究了玻璃微球敏化乳化炸药的爆轰特性以及受压后爆轰性能的改变情况。通过提出一种动压下乳化炸药爆轰特性的表征方法,研究了含水炸药在加压作用后的爆轰性能,以及含水炸药受压后的复原性。国内研究人员提出了一种研究乳化炸药动压减敏的试验方法,并探讨了冲击波动压作用下的爆轰特性、影响因素以及压力减敏机理。同时,研究人员研究了在静压作用下含水炸药的敏化方式、敏化剂含量、敏化剂种类对炸药爆炸性能的影响。然而,上述研究主要集中在对压力减敏现象、测试方法、影响因素等的研究,并没有提出具体的解决方法。

为了提高乳化炸药的抗压能力,研究人员分别从乳化基质和敏化剂着手。通过对乳胶基质中的乳化剂和油相等进行调整,分析了压力作用下乳状液微观形貌的变化,结合试验数据探讨了受压钝化机理,提出了改善乳化炸药自身抗压能力的办法。研究发现,乳化炸药乳状液构造会在遭到外界压力作用时发生扰动甚至破坏,这主要是因为小液滴表面的界面膜发生变形或破裂,导致结晶迅速增长而使炸药失去爆炸性能。在敏化剂方面,探讨了不同种敏化剂在影响深水耐压乳化炸药爆轰特性方面的差异,结果表明,敏化剂的不同会导致乳化炸药抗压能力和爆轰特性的不同。研究人员采用储氢材料 MgH_2 作为敏化剂添加到乳胶基质中,MgH_2 在受到外界压力作用时会迅速反应产生 H_2,来缓解外界压力对乳化炸药中敏化气泡的破坏,提高乳化炸药的抗压性能,但是储氢型抗压乳化炸药也存在发泡后效问题,敏化气泡易聚集和变得过大,并且在外部压力挤压下易严重变形,不利于乳化炸药的爆轰。

乳化炸药存在的压力减敏问题引起了越来越多研究人员的关注,各种耐压炸药被逐渐研发出来,但工程爆破技术的不断发展,对乳化炸药抗压性能的指标要求也越来越高。因此,研究抗压性能优异、安全性高的耐压炸药,对有效解决乳化炸药存在的压力减敏问题和提高使用安全性具有十分重要的意义。外界压力作用下乳化炸药爆轰性能下降的主要原因是敏化剂的毁坏导致"热点"不足,基于此提出了再生敏化气泡的想法,即在乳化炸药敏化气泡破坏的同时再生新的敏化气泡来填补压力损失的敏化气泡,这样起到一定的缓解作用,减少了爆轰性能的下降。

3.3　耐压微囊的作用机制

炸药的起爆机理有很多,但最为大家所接受的是"热点"理论。其中,具有代表性的有:Mader 等(1998)提出,冲击波作用在固相炸药中的孔隙处导致孔隙向内部破裂形成热点;Chaundhri 等(1974)提出,初始形成的冲击波通过绝热压缩炸药中的敏化气泡形成"热点"机理;Bourne 等(1999)提出微孔洞塌缩"热点"形成机理。"热点"理论提出,作用在炸药外部的机械能使炸药局部温度升高形成"热点",绝热压缩"热点"使其附近炸药温度升高至爆发点后就会发生爆炸,紧接着引发整个炸药的爆炸。

耐压微囊是一种乳化炸药用敏化剂助剂,添加了耐压微囊的乳化炸药在遭到较小外界动压或静压力作用时,双层壳体结构耐压微囊内部的中空漂珠能够提供乳化炸药起爆所需的"热点";当遭到较大外界动压或静压力作用时,耐压微囊与原有的敏化气泡都会遭到破坏,但双层壳体结构耐压微囊中的发泡剂和发泡剂助剂接触后迅速生成气体,生成的气体充当新的敏化气泡,迅速在乳化炸药中产生新的"热点",进而避免了压力减敏的发生。然而,针对传统乳化炸药敏化方式而言的"热点"起爆机理的研究居多,加入耐压微囊的乳化炸药同样遵循"热点"起爆机理,但是耐压微囊中的内核漂珠充当的是静态敏化,耐压微囊压碎后迅速产生大量新的敏化气泡是动态敏化。

3.4 耐压微囊的制备与性能表征

3.4.1 试验材料与设备

图 3-1 为漂珠与空心玻璃微球的直观图。漂珠购买于河南义翔新材料有限公司,平均粒径集中在 93 μm 附近,漂珠壁较薄且内部为空心结构,外观呈灰白色,质量较轻,化学组分主要是 Al_2O_3 和 SiO_2;空心玻璃微球购买于美国 3M 公司,成分主要是 SiO_2 和 CaO。本书选用的发泡剂在弱酸的作用下会分解出非常多的二氧化碳气体。发泡剂助剂是一种白色结晶粉末,室温下发泡剂助剂密度是 1.70 g/cm³,可以与发泡剂水溶液发生化学反应生成大量气体。氢氟酸作为一种腐蚀性较为强烈的弱酸,一般能够把金属、玻璃和主要成分为硅的物质腐蚀,本书中选用氢氟酸对漂珠进行穿孔处理。聚合物单体在光引发剂 907 作用下,借助 UV 固化机能够迅速聚合;液体石蜡作为一种液态烃类混合物,呈无色半透明油状液体,与单体甲基丙烯酸甲酯互不相容,能解决光引发聚合过程当中产生的团聚问题;固体石蜡作为一类烃类混合物,固体烷烃是其主要组成部分,固体石蜡外观为白色或淡黄色,是从石油或页岩油中提炼出来的。本书中用固体石蜡与黑索今(RDX)制备压装 RDX。疏水性气相二氧化硅是一种具备较强疏水性(憎水性)且不能在水中分散的二氧化硅纳米颗粒,是制备"干水"的重要原料。黑索今作为一种外观为无色结晶状的猛炸药,不溶于水,且爆炸威力很大,通常是 TNT 的 1.5 倍。试验所用材料见表 3-1。

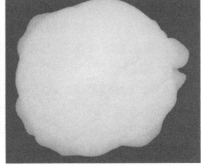

(a)漂珠   (b)空心玻璃微球

图 3-1 漂珠与空心玻璃微球直观图

表 3-1　试验试剂

名称	级别	生产厂家
漂珠	商业级	河南义翔新材料有限公司
空心玻璃微球	商业级	美国 3M 公司
发泡剂	分析纯	上海麦克林生化科技股份有限公司
发泡剂助剂	分析纯	上海麦克林生化科技股份有限公司
氢氟酸	分析纯	上海麦克林生化科技股份有限公司
聚合物单体	分析纯	上海麦克林生化科技股份有限公司
光引发剂 907	分析纯	上海麦克林生化科技股份有限公司
液体石蜡	分析纯	上海麦克林生化科技股份有限公司
固体石蜡	分析纯	上海麦克林生化科技股份有限公司
疏水性气相二氧化硅	分析纯	上海麦克林生化科技股份有限公司
黑索今(RDX)	分析纯	淮南舜泰化工有限公司
氮气	99.99%	合肥恒隆电气技术有限公司

　　试验所用仪器见表 3-2。英国马尔文仪器有限公司最早制造了激光粒度分析仪,激光粒度分析仪不仅能够用来测试物质的粒度分布,而且能测试出物质颗粒的比表面积等参数,得到了广泛应用。本书中使用 MS2000 型激光粒度分析仪测试了漂珠、空心玻璃微球、耐压微囊的粒径分布。扫描电子显微镜(SEM)有着非常高的放大倍率,可以直接清晰地观察到样品表面的微观形貌。光学显微镜(OM)借助的是光学原理,能够把肉眼辨别不清晰的细微物体放大很多倍。本书中应用 SEM 和 OM 对耐压微囊等的微观形貌构造展开了表征。同步热分析仪可以在样品测试过程中同时记录热重与差热数据,本书对耐压微囊受热分解过程中的质量和热流变化进行了测试,同时借助 X 射线荧光光谱仪对漂珠和空心玻璃微球的化学组成部分进行了测试。在耐压微囊的合成过程中用到了 UV 固化机、搅拌机、电子天平等设备,其中 UV 固化机能产生高强度的紫外线,诱发甲基丙烯酸甲酯单体在光引发剂作用下快速聚合。空中爆炸试验选用的是国产 CY-YD-202 型压电式压力传感器,水下爆炸试验使用的是 PCB 压力传感器(ICP138A25),利用示波器记录空中和水下爆炸产生的冲击波信号的波形曲线。五段智能爆速仪通过记录相邻探针间的传爆时间,得到炸药的爆炸速度。

表 3-2　试验设备

设备名称	型号	生产厂家
激光粒度分析仪	MS2000	英国马尔文仪器有限公司
扫描电子显微镜	VEGA3 SB	捷克泰思肯仪器有限公司
光学显微镜	SG50	苏州神鹰光学有限公司
同步热分析仪	TG/DSC	瑞士梅特勒托利多公司
X 射线荧光光谱仪	ARL-9800XP+	瑞士 ARL 应用研究实验室公司
搅拌机	JS30-230	浙江苏泊尔股份有限公司
UV 固化机	BLTUV	东莞市尔谷光电科技有限公司
电子天平	JT2003D	上海力辰邦西仪器科技有限公司
恒温鼓风干燥箱	DHG-9053	上海一恒科学仪器有限公司
水浴锅	HH-2	国华电器有限公司
超声波清洗器	KQ5200E	昆山市超声仪器有限公司
实验室纯水机	UPW-R2-15	上海精密科学仪器有限公司
压电式压力传感器	CY-YD-202	江苏联能电子技术有限公司
示波器	Agilent5000A	美国安捷伦科技公司
五段智能爆速仪	BSW-3A	北京海富达科技有限公司
PCB 压力传感器	ICP138A25	美国 PCB 压电有限公司
电荷放大器	YE5853A	江苏联能电子技术有限公司
不锈钢筛	各种目数	安平县绿若丝网制品有限公司

3.4.2　耐压微囊的合成

制备耐压微囊的第一步是对漂珠原料进行筛选,去掉漂珠原料中的非空心及破损颗粒。将购买的漂珠倒入去离子水中浸泡,搅拌 0.5 h 后,再静置 12 h 以上。非空心及破碎的漂珠会在静置过程中逐渐下沉并在容器底部堆积。然后,借助分液漏斗将悬浮在容器上部的空心漂珠过滤出来,蒸馏水洗涤后再 100 ℃烘 12 h,得到试验所需的中空漂珠。双层壳体结构耐压微囊的合成是在上述筛选的中空漂珠的基础上,借助化学发泡剂和"干水"制备原理进行的。其中,耐压微囊的合成主要分为四步(图 3-2)。

① 中空漂珠的穿孔:将 6 g 筛选后的中空漂珠浸泡在 250 mL 0.6 mol/L 的HF 溶液中,以 130 r/min 间断搅拌 15 min 后,大多数漂珠沉入烧杯底部,表明穿孔已经完成,过滤、洗涤、150 ℃干燥,得到外壳含有微/纳米级孔的多孔漂珠,如图 3-2(b)所示。

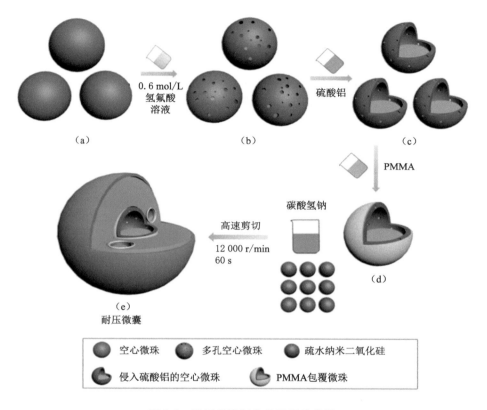

图 3-2　耐压微囊制备的过程示意图

② 中空漂珠内部浸入发泡剂助剂:由于多孔漂珠的壳体表面孔隙较小,通常对液体的渗透性较差,故通过真空浸渍法将发泡剂助剂加载到穿孔漂珠内部。加载装置如图 3-3 所示。将 20 g 干燥后的多孔漂珠倒入锥形瓶中,置于 80.5 kPa 的真空压力下约 2 h,以排出漂珠内部空气。然后将 3 倍漂珠体积的 60 ℃ 饱和发泡剂助剂溶液放入分液漏斗中,停止真空操作,打开分液漏斗阀门,发泡剂助剂溶液在压力差的驱使下流入锥形瓶中,静置约 30 min,漂珠均沉淀在烧瓶底部时,表明加载完成。在整个浸渍过程中,为使发泡剂助剂溶液进入锥形瓶后仍保持液态不发生析晶,锥形瓶被放置在 80 ℃ 的加热板上加热,加载完成后迅速过筛,用 80 ℃ 的去离子水清洗后在室温下干燥 48 h,干燥过程中,浸入漂珠内部的发泡剂助剂溶液逐渐冷却结晶并沉淀在漂珠微球内部,得到内腔部分填充发泡剂助剂的漂珠,如图 3-2(c)所示。

③ 聚合物包覆浸入发泡剂助剂的漂珠:为了防止漂珠内部的发泡剂助剂和

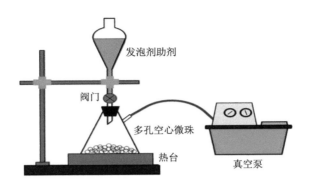

图 3-3　真空加载装置原理图

发泡剂溶液提前接触反应,导致耐压微囊失效,有必要对多孔漂珠进行表面包覆,封闭微球表面的微孔。本书采用的聚合物不仅能在多孔漂珠表面形成一层均匀致密的薄膜,而且还能够在一定程度上增强漂珠壁的强度。包覆过程如下:在室温下,取 10 g PMMA 单体加入 0.5 g 光引发剂 907 中搅拌均匀,倒入 8 g 内腔部分填充发泡剂助剂的漂珠,混合均匀,然后在液体石蜡溶液中分散,最后在 UV 固化机中通过强紫外光照射引发聚合物单体聚合形成聚合物薄膜,得到聚合物包覆的漂珠,如图 3-2(d)所示。

④ 双层壳体结构耐压微囊的合成:35 g 去离子水中加入 5 g 发泡剂粉末,搅拌至发泡剂完全溶解,然后加入 4 g 疏水性纳米二氧化硅和 8 g 聚合物包覆的漂珠,倒入高速剪切机,在 12 000 r/min 下剪切 60 s,过 150 目筛网,剔除未包覆的漂珠和剩余的疏水性纳米二氧化硅,即得双层壳体结构耐压微囊,如图 3-2(e)所示。

3.4.3　性能测试设备

① 耐压微囊的微观形貌测试:将耐压微囊均匀分布在胶带上,再在微囊表面喷涂一层薄金粉,然后启动扫描电镜,放置好测试样品并进行耐压微囊的微观形貌观察。图 3-4 是 VEGA3 SB 型扫描电镜实物图,本书中耐压微囊的微观形貌、粉煤灰漂珠和玻璃微球压碎前后的微观形貌等试验均由此设备表征。

② 耐压微囊的粒径测试:如图 3-5 所示,打开马尔文激光粒度分析仪和计算机上的测试软件,将 MS2000 主机和干法测样部分预热 15～30 min,根据待测样品的折光率新建标准操作程序(SOP),选择测量参数,输入样品的名称、参数并选择对应的数据分析模型。样品测量前应充分混合,向干法自动进样器中加入 4 g 左右的样品,在计算机上的测试软件中点击"开始测量",仪器自动测量和记录试验结果。

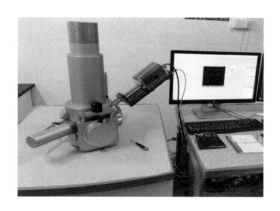

图 3-4　VEGA3 SB 型扫描电镜实物图

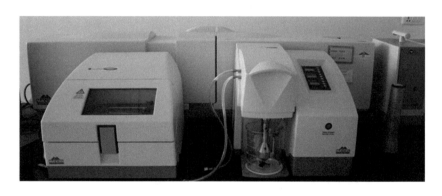

图 3-5　MS2000 型激光粒度分析仪

③ 耐压微囊的产气测试:图 3-6 是光学显微镜实物图,试验时先取洁净的载玻片,再在载玻片上放置少量耐压微囊待测样品并放置于光学显微镜的载物台上,调整测试试验样品的摆放位置,同时转动粗准焦螺旋直到肉眼透过物镜能看清样品为止,注意避免物镜压到载玻片。单眼通过目镜观察测试样品标本,小幅度转动细准焦螺旋,使透过目镜看到的测试样品变清晰。再使用小铁勺压碎载玻片上的耐压微囊,观察耐压微囊在压碎瞬间的产气现象。

④ 耐压微囊的热稳定性测试:使用梅特勒托利多公司 TG/DSC 型热重分析仪(图 3-7)测试含能微囊的 TG 和 DSC 曲线,升温区间设置为 30～650 ℃,升温速率为 10 ℃/min,N_2 作为保护气且气流速度控制在 50 mL/min。试验时称取质量 5～10 mg 的耐压微囊待测样品放置于 70 μL 氧化铝坩埚中,将坩埚放

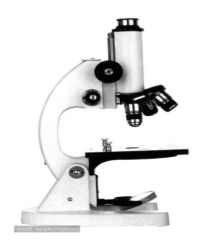

图 3-6　光学显微镜实物图

置在托盘热传感器上。根据耐压微囊的失重情况和耐压微囊的热分解曲线,可以证明耐压微囊的合成成功与否和热稳定性。

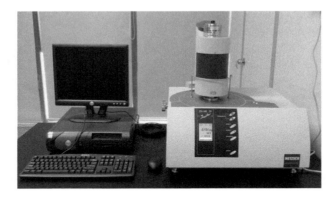

图 3-7　TG/DSC 型热重分析仪实物图

3.4.4　性能测试结果

图 3-8(a)和(b)所示为未做处理的漂珠,呈球形,表面致密光滑。漂珠具有厚度只有几微米的高强度铝硅酸盐外壳,壳体具有多孔结构,并被无定形纳米级薄膜所覆盖,如图 3-8(c)所示。这种特殊的结构可以保证化学蚀刻溶解漂珠表面的无定形纳米薄膜在壳体气泡处产生贯穿孔而不影响壳体机械强度。

图 3-8(d)是氢氟酸溶液处理过后的漂珠,表面有许多微纳米级的孔洞。外加剂可以通过这些贯穿孔隙加载和释放。图 3-8(e)是聚合物包覆后的漂珠,外表面较图 3-8(b)和(d)中未包覆的漂珠有明显的褶皱,说明聚合物已经均匀地聚合在漂珠外表面,有效地将填充了发泡剂助剂的漂珠封装住。图 3-8(f)所示为最终形成的微囊,呈椭球形,与漂珠光滑的外表不同,耐压微囊的外壳由疏水性纳米二氧化硅组成。

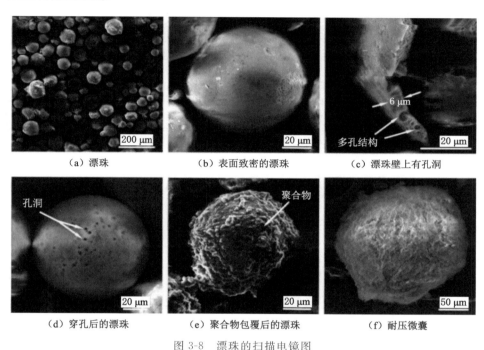

（a）漂珠　　　　（b）表面致密的漂珠　　　　（c）漂珠壁上有孔洞

（d）穿孔后的漂珠　　（e）聚合物包覆后的漂珠　　（f）耐压微囊

图 3-8　漂珠的扫描电镜图

如图 3-9 所示,从左到右依次为空心漂珠、聚合物包覆后的漂珠和耐压微囊的粒径分布曲线。可以看到,空心漂珠[图 3-9(a)]和聚合物包覆的漂珠[图 3-9(b)]粒径范围相差不大,空心漂珠平均粒径集中在 93 μm 附近,聚合物包覆的漂珠平均粒径集中在 100 μm 附近,而耐压微囊[图 3-9(c)]的粒径分布较宽,平均粒径集中在 200 μm。

为了证明耐压微囊制备过程中将发泡剂助剂固体成功地封装进了穿孔漂珠中,我们对封装前后的两种漂珠进行了破碎处理。对比发现,图 3-10(a)所示漂珠的光滑内壁未被发泡剂助剂固体填充,为中空结构;而图 3-10(b)所示漂珠的内壁沉积了较多发泡剂助剂,依然为中空结构。这说明利用真空浸渍法能够很好地将发泡剂助剂封装在漂珠内,形成半中空微囊。

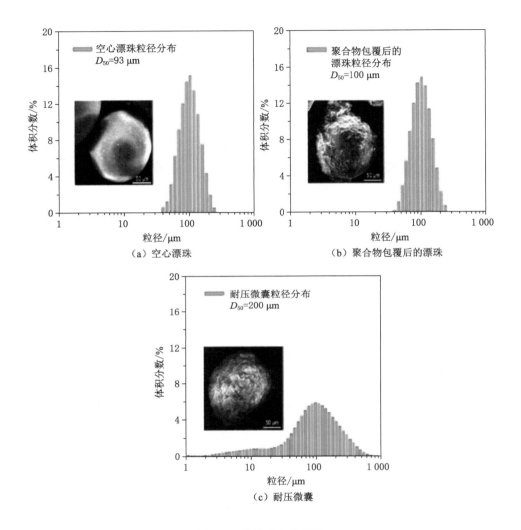

图 3-9　粒径分布曲线图

如图 3-11（a）所示，耐压微囊为半透明的椭圆形微球。在图 3-11（b）中，耐压微囊内外部的亮度不同，表明微囊的核壳由不同的材料组成，耐压微囊内部的灰色不透明球体为加载了发泡剂助剂的漂珠。因此，图 3-11（b）可以证明成功制备了双层壳体耐压微囊。为了直观了解耐压微囊被压碎后的产气现象，取少量耐压微囊成品置于光学显微镜下，用硬质小铁勺将载玻片上的耐压微囊压碎，观察产气现象，结果如图 3-11（c）所示，压碎后的耐压微囊产生了许多微气泡。

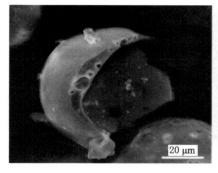
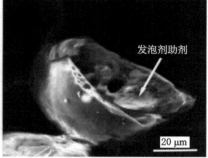

（a）压碎的漂珠　　　　　　　（b）内壁浸有发泡剂助剂的漂珠

图 3-10　破碎处理漂珠的扫描电镜图

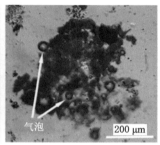

（a）许多耐压微囊　　　（b）几个耐压微囊　　　（c）压碎后的耐压微囊

图 3-11　耐压微囊的光学显微镜图

图 3-12 所示为双层壳体结构耐压微囊的 TG 曲线,图中从上往下黑色、红色、蓝色和绿色曲线依次为耐压微囊中漂珠、被发泡剂助剂浸润的漂珠、被聚合物包覆的漂珠和耐压微囊的热分解曲线。通过对比漂珠、被发泡剂助剂浸润的漂珠和被聚合物包覆的漂珠的热分解曲线,可以得到耐压微囊的热分解主要分为两个阶段。第一个阶段的温度范围在 30～100 ℃,失重主要是耐压微囊中水分蒸发和发泡剂分解导致的;第二个阶段的温度范围在 100～414 ℃,失重主要是耐压微囊中发泡剂助剂和聚合物膜的分解导致的。

SEM 和激光粒度分析测试表明,漂珠壁厚比玻璃微球的壁厚厚,采用真空浸液方法在漂珠内部成功浸入发泡剂助剂固体结晶,最终合成的耐压微囊呈椭球形且平均粒径集中在 200 μm 附近。耐压微囊产气和热分析测试试验结果表明,耐压微囊在被压碎的同时可以产生大量的气泡,形成新的"热点",耐压微囊具备一定的热稳定性。

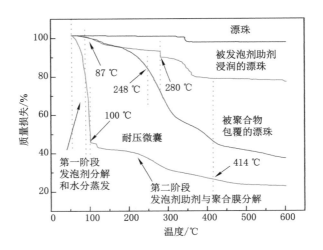

图 3-12　耐压微囊的 TG 曲线

3.5　漂珠敏化乳化炸药的爆轰性能研究

乳化炸药问世半个世纪以来，得到了大规模的使用和推广。使乳化炸药具备雷管感度的关键是对乳胶基质进行敏化。静态敏化是目前常采用的敏化手段之一，即向乳胶基质中加入物理敏化剂或化学发泡剂，常见的有 $NaNO_2$、玻璃微球和珍珠岩等。传统静态敏化的乳化炸药受外界压力作用时，其内部的敏化气泡容易受到毁坏，并且敏化气泡周围的乳胶基质会局部破乳，造成乳化炸药发生拒爆或半爆。传统乳化炸药生产当中的核心是敏化，主要敏化方式有化学敏化和物理敏化。化学敏化技术中经常使用亚硝酸盐、碳酸氢盐等，其敏化的原理是在乳胶基质中添加发泡剂来引入均匀分布的小气泡，起到敏化乳化炸药的作用。$NaNO_2$ 具有价格低廉、敏化工艺简单等优点，受到许多乳化炸药生产企业的青睐。然而 $NaNO_2$ 敏化的乳化炸药爆破效果并不好，主要是爆炸威力偏低所导致的，而且在乳化炸药延时爆破或者炸药深水爆破作业过程当中，压力减敏会造成乳化炸药在使用过程中发生拒爆或半爆现象。物理敏化的原理是在乳胶基质中添加内部含有气体的微小固体颗粒，使气泡均一散布在乳胶基质中，空心玻璃微球、膨胀珍珠岩和漂珠等作为敏化剂，在绝热压缩作用下形成起爆所需的"热点"。其中，玻璃微球具有粒度分布均匀、抗压性强和无敏化后效等优点，成为非常优良的物理敏化剂。但是玻璃微球价格较贵，增加了使用成本，不适合广泛推广。粉煤灰作为工业废渣之一，会在工厂附近产生扬尘污染大气环境，粉煤灰废渣大量堆积不及时处理,会污染水土资源并对居民身心健康造成危害,成为企业的难题之一。而空心漂珠来自粉煤灰,是一种中空结构微球,壁薄,重量轻,价格低廉,适合作为物理敏化剂。研究发现,空心微球(玻璃微球、漂珠)为敏化剂敏化的乳化炸药遵循"热点"起爆机理,将漂珠作为物理敏化剂,发现粒径分布在 $70\sim100\ \mu m$ 的漂珠敏化乳化炸药爆炸速度可达到最大。

　　漂珠作为耐压微囊的内核,紧密影响着耐压微囊的各项性能。为了掌握耐压微囊敏化乳化炸药的爆轰特性与安全性,首先对漂珠敏化乳化炸药展开了系列研究,探讨了漂珠粒径分布和添加比例对乳化炸药爆轰特性的影响,通过开展对比试验,得到了漂珠的最佳粒径和配比。其次,采用激光粒度分析仪、扫描电镜对漂珠的粒径分布和微观形貌展开了测试,利用猛度和爆速试验确定了漂珠的最佳粒径和用量,并借助空中爆炸试验测试了漂珠敏化乳化炸药的爆炸威力。最后,借助同步热分析仪测试了热稳定性。

3.5.1　试验材料性能表征

　　为了研究漂珠和玻璃微球的粒径分布对乳化炸药爆轰特性的影响,利用不同目数的筛子筛选出四组漂珠和四组玻璃微球。借助激光粒度分析仪开展对样品的试验,结果如图 3-13 所示。图 3-13(a)展示了四组漂珠的粒度分布,从左到右依次对应 $D_{50}=26\ \mu m$、$48\ \mu m$、$83\ \mu m$ 和 $142\ \mu m$;图 3-13(b)展示了四组玻璃微球的粒度分布,从左到右依次对应 $D_{50}=18\ \mu m$、$35\ \mu m$、$57\ \mu m$ 和 $102\ \mu m$。

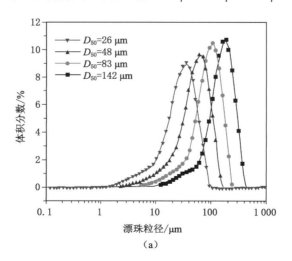

(a)

图 3-13　漂珠和玻璃微球的粒度分布曲线

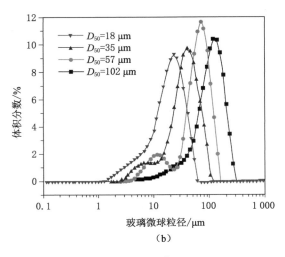

（b）

图 3-13 （续）

表 3-3 提供了漂珠和玻璃微球的 D_{10}、D_{50} 和 D_{90}，样品的粒度分布累积到 $xx\%$ 时，所对应的粒径为 D_{xx}。从表 3-3 中可以看到，漂珠和玻璃微球的比表面积和堆积密度都随着 D_{50} 的增大而减小。堆积密度指漂珠在处于自然或者松散的状态下，单位体积（漂珠颗粒体积和颗粒间的孔隙体积）漂珠的质量。将一定质量的干燥样品自然堆积在量筒中，读取所占据的体积以及样品质量，从而得到漂珠和玻璃微球的堆积密度。

表 3-3　漂珠和玻璃微球的粒径参数

敏化剂	粒径/μm	D_{10}	D_{50}	D_{90}	比表面积/(m²/g)	堆积密度/(g/cm³)
漂珠	26	8.12	26.46	51.91	0.373	0.57
	48	15.17	48.23	90.07	0.209	0.46
	83	28.12	82.64	147.97	0.129	0.43
	142	46.29	141.97	250.75	0.084	0.41
玻璃微球	18	5.28	17.95	34.47	0.534	0.46
	35	9.99	34.86	64.44	0.286	0.32
	57	12.32	57.44	97.51	0.187	0.20
	102	32.95	102.16	183.36	0.119	0.15

试验用漂珠和玻璃微球均呈椭球形，粒径均一且分布均匀。图 3-14（a）～

(d)为不同粒径漂珠的扫描电镜图,从左到右依次对应 $D_{50}=26~\mu m$、$48~\mu m$、83 μm 和 $142~\mu m$;图 3-14(e)~(h)为不同粒径玻璃微球的扫描电镜图,从左到右依次对应 $D_{50}=18~\mu m$、$35~\mu m$、$57~\mu m$ 和 $102~\mu m$。图 3-15(a)为单个漂珠的扫描电镜图,图中看到漂珠表面致密粗糙。图 3-15(b)为压碎处理后的漂珠,高强度铝硅酸盐壳的厚度大约为 $10~\mu m$。漂珠的外壳具有多孔结构,表面覆盖着非晶纳米膜,具有较高的机械强度,在应用过程中不易被压碎。图 3-15(c)为玻璃微球的扫描电镜图,可以看到其表面致密光滑。图 3-15(d)则表明玻璃微球薄壁厚度约 $1~\mu m$,使得其机械强度相对较弱。

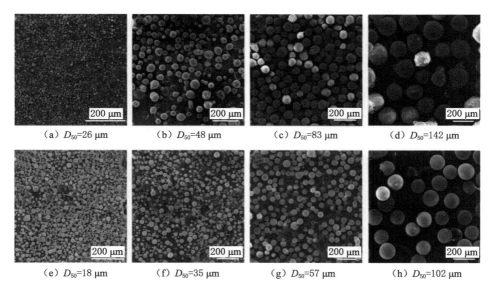

图 3-14　漂珠和玻璃微球的微观结构

　　为了掌握漂珠和玻璃微球样品的化学成分组成,借助了 X 射线荧光光谱仪对两种敏化剂展开了测试,如图 3-16 所示。首先对漂珠和玻璃微球样品进行破碎预处理,然后将测试样品均匀倒入样品环内后再放入压片机中进行压片,保压 $30~s$。最后在 X 射线荧光光谱仪的进样杯中放入压片处理后的样品,同时关上仪器防护罩,检查仪器参数及运行状态后开始测试,得到试验结果。

　　图 3-17 和表 3-4 所示为漂珠和玻璃微球的化学成分组成和占比情况,漂珠主要由化合物 SiO_2 和 Al_2O_3 构成,分别占质量的 52.32% 和 30.09%,同时玻璃微球主要由 SiO_2 和 CaO 两种化合物构成,分别占质量的 74.96% 和 9.42%。因此,漂珠和玻璃微球主要由惰性材料构成,且主要功能是为乳化炸药提供起爆所需的"热点",而不能起到提高爆炸威力的作用。

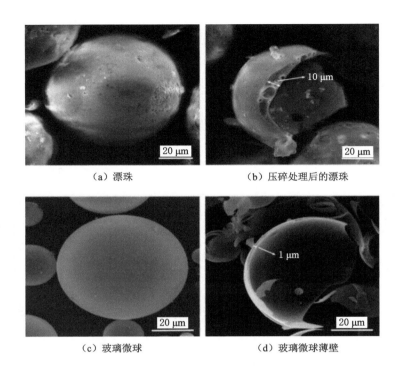

（a）漂珠　　　　　　　　　（b）压碎处理后的漂珠

（c）玻璃微球　　　　　　　　（d）玻璃微球薄壁

图 3-15　漂珠和玻璃微球的扫描电镜图

图 3-16　X 射线荧光光谱仪

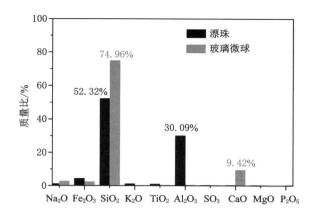

图 3-17 漂珠和空心玻璃微球的化学成分占比情况

表 3-4 漂珠和玻璃微球的化学组成 单位:％

化学成分	NaO_2	MgO	Al_2O_3	SiO_2	P_2O_5	SO_3	K_2O	CaO	TiO_2	Fe_2O_3
漂珠	1.16	0.27	30.09	52.32	0.09	0.28	1.18	0.35	1.03	4.39
玻璃微球	2.72	0.35	0.54	74.96	0.43	0.32	0.00	9.42	0.26	2.33

3.5.2 乳化炸药样品的制备

为了防止因乳胶基质质量不同而对爆炸试验结果产生影响,本试验中采用敏化剂外加法,控制乳胶基质的质量不变,乳胶基质的配方见表 3-5。乳化炸药的爆轰感度会因为密度的降低而升高。但从乳化炸药的应用情况来看,乳化炸药密度低,导致炸药爆炸威力小,爆破效果降低,因此控制乳化炸药密度处于一个最佳的区间内是非常必要的。例如,乳化炸药的最佳密度是 $1.05 \sim 1.20$ g/cm³。本书中将漂珠的平均粒径 D_{50} 选为 58 μm,然后将其按照质量比为 2％、4％、6％、8％、10％、12％、14％ 和 16％ 加入乳胶基质中敏化形成不同漂珠含量的乳化炸药,控制密度为 $1.11 \sim 1.24$ g/cm³,按漂珠的质量分数从小到大依次编号 A_1、A_2、A_3、A_4、A_5、A_6、A_7 和 A_8,见表 3-6。

表 3-5 乳胶基质的组成

成分	NH_4NO_3	$NaNO_3$	$C_{18}H_{38}$	$C_{12}H_{26}$	$C_{24}H_{44}O_6$	H_2O
质量比/％	75	10	4	1	2	8

表 3-6　八种不同含量漂珠敏化的乳化炸药猛度

漂珠型乳化炸药	质量分数/%		密度/(g/cm³)
	乳胶基质	漂珠	
A₁	100	2	1.24
A₂	100	4	1.21
A₃	100	6	1.18
A₄	100	8	1.17
A₅	100	10	1.16
A₆	100	12	1.15
A₇	100	14	1.13
A₈	100	16	1.11

常用的玻璃微球粒径集中在 $55\sim58\ \mu m$，因而选取 $D_{50}=57\ \mu m$ 的玻璃微球，按照 2%、3%、4% 和 5% 的比例加入乳胶基质中敏化形成乳化炸药，控制乳化炸药样品的密度在 $1.10\sim1.20\ g/cm^3$，按玻璃微球的质量分数从小到大依次编号 B_1、B_2、B_3 和 B_4，见表 3-7。然后进行猛度和爆速试验，确定漂珠和玻璃微球的合适比例。

表 3-7　四种不同含量玻璃微球敏化的乳化炸药

玻璃微球型乳化炸药	质量分数/%		密度/(g/cm³)
	乳胶基质	玻璃微球	
B₁	100	2	1.20
B₂	100	3	1.18
B₃	100	4	1.12
B₄	100	5	1.10

3.5.3　漂珠敏化乳化炸药的爆轰性能测试

猛度和爆速对评价乳化炸药的爆炸特性非常重要，为了探究漂珠和玻璃微球的添加量对爆炸威力的影响，并确定最佳用量，对 $D_{50}=58\ \mu m$ 的漂珠和 $D_{50}=57\ \mu m$ 的玻璃微球敏化乳化炸药进行猛度和爆速试验。在如图 3-18 所示的爆炸碉堡中开展试验，爆炸碉堡的最大试验药量为 1.0 kg TNT 当量，可承载 2.0 MPa 的静压，保障了在复杂环境下的使用安全性。

① 猛度试验：采用铅柱压缩法开展猛度试验，如图 3-19 所示，未压缩铅柱

图 3-18　1.0 kg TNT 当量爆炸容器

的底部直径和高度分别为 40 mm 和 60 mm,在待测乳化炸药样品和未压缩铅柱之间有一钢垫片;同时为了避免乳胶基质含量不同对试验结果造成影响,每组乳化炸药试验样品当中均含 50 g 乳胶基质,每组乳化炸药样品做 3 次试验,然后取 3 组结果的平均值。

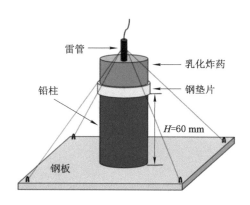

图 3-19　铅柱压缩法示意图

　② 爆速测试:爆速试验设计如图 3-20 所示,将乳化炸药样品塞入长度和直径分别为 270 mm 和 32 mm 的 PVC 管中,采用探针法测量爆速,相邻两根探针间的距离为 50 mm,在一端起爆雷管来引爆乳化炸药,借助智能五段爆速仪获得乳化炸药样品的爆速并取平均值。

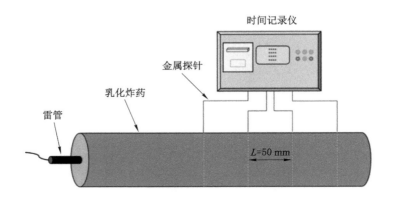

图 3-20　爆速测试示意图

从表 3-6、表 3-7、表 3-8 和表 3-9 中可以看到,当敏化剂漂珠和玻璃微球的添加量逐渐提高时,两种乳化炸药的密度都呈现逐渐减小的趋势,这是由乳胶基质中夹带气体的空心结构增多造成的。同时,两种乳化炸药在较接近的密度下,玻璃微球敏化乳化炸药的铅柱压缩量和爆速值大于漂珠敏化乳化炸药的铅柱压缩量和爆速值。这是因为 $D_{50}=83$ μm 漂珠的堆积密度是 $D_{50}=57$ μm 玻璃微珠的 2 倍以上,所以在一定条件下当两者乳化炸药的密度相等(相近)时,漂珠型乳化炸药中的"热点"数量相对要少一些,这会影响漂珠型乳化炸药的爆轰特性。

表 3-8　不同含量漂珠敏化的乳化炸药猛度和爆速

漂珠型乳化炸药	猛度/mm	爆速/(m/s)
A_1	13.50±0.3	拒爆
A_2	14.25±0.2	半爆
A_3	16.62±0.4	3 381±80
A_4	16.90±0.1	3 721±30
A_5	17.00±0.2	4 492±55
A_6	18.34±0.2	4 970±35
A_7	18.00±0.2	4 491±60
A_8	17.50±0.1	4 407±50

表 3-9　不同含量玻璃微球敏化的乳化炸药猛度和爆速

玻璃微球型乳化炸药	猛度/mm	爆速/(m/s)
B$_1$	18.7±0.2	3 653±120
B$_2$	19.7±0.3	4 950±65
B$_3$	20.6±0.2	5 176±50
B$_4$	20.2±0.1	4 789±80

图 3-21 是漂珠和玻璃微球型乳化炸药的猛度和爆速随敏化剂含量的不同而变化的情况。

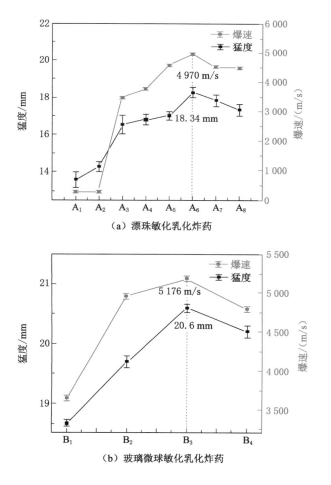

（a）漂珠敏化乳化炸药

（b）玻璃微球敏化乳化炸药

图 3-21　不同含量漂珠和玻璃微球敏化乳化炸药的猛度和爆速曲线图

由图 3-21(a)可知,漂珠型乳化炸药的铅柱压缩值和爆速值都随着漂珠含量的增加呈现先增加后下降的趋势,A_6(12%漂珠)这一组的猛度和爆速值最大,分别对应 18.34 mm 和 4 970 m/s。玻璃微球型乳化炸药具有一致的变化趋势,B_3(4%玻璃微球)这一组的猛度和爆速值最大,分别为 20.6 mm 和 5 176 m/s。玻璃微球型乳化炸药的铅柱压缩值和爆速值均略高于漂珠型乳化炸药,主要是因为玻璃微球敏化剂壁较薄,在加热和绝热压缩形成"热点"的过程中容易被压碎,损失的能量越少,释放出的能量越大。

综上所述,漂珠和玻璃微球作为物理敏化剂的最佳添加量分别为 12% 和 4%,引起两种物理敏化剂用量差异的主要原因为密度和机械强度的差异。

3.5.4 漂珠粒径对乳化炸药的爆轰性能影响

图 3-22(a)所示为不同 D_{50} 漂珠敏化乳化炸药猛度试验结果,从左到右依次对应 $D_{50}=142\ \mu m$、$D_{50}=83\ \mu m$、$D_{50}=48\ \mu m$ 和 $D_{50}=26\ \mu m$ 漂珠敏化乳化药的压缩铅柱。当漂珠 $D_{50}=83\ \mu m$ 时,敏化的乳化炸药猛度值最大,为 18.34 mm。图 3-22(b)为四组不同 D_{50} 玻璃微球型乳化炸药猛度试验结果,从左到右依次对应 $D_{50}=102\ \mu m$、$D_{50}=57\ \mu m$、$D_{50}=35\ \mu m$ 和 $D_{50}=18\ \mu m$ 玻璃微球敏化乳化炸药的压缩铅柱。当玻璃微球 $D_{50}=57\ \mu m$ 时,敏化的乳化炸药猛度值最大,为 20.6 mm。每组的铅柱压缩值见表 3-10。

(a) 漂珠敏化乳化炸药

(b) 玻璃微球敏化乳化炸药

图 3-22 不同 D_{50} 漂珠和玻璃微球敏化乳化炸药铅柱压缩试验对比结果

表 3-10　最佳用量下不同 D_{50} 的敏化剂敏化乳化炸药的猛度和爆速

乳化炸药	敏化剂 $D_{50}/\mu m$	质量百分数/%			密度 /(g/cm³)	猛度 /mm	爆速 /(m/s)
		乳胶基质	漂珠	玻璃微球			
漂珠型乳化炸药	26	100	12	0	1.23	11.20±0.1	拒爆
	48	100	12	0	1.18	14.75±0.4	4 616±70
	83	100	12	0	1.15	18.34±0.2	4 970±35
	142	100	12	0	1.20	13.80±0.2	3 862±55
玻璃微球型乳化炸药	18	100	0	4	1.16	4.85±0.5	拒爆
	35	100	0	4	1.14	14.52±0.3	4 541±45
	57	100	0	4	1.12	20.06±0.2	5 176±50
	102	100	0	4	1.09	14.70±0.3	4 563±30

从图 3-23(a) 中可以看到，对于漂珠型乳化炸药，当漂珠的 $D_{50}=83\ \mu m$ 时，猛度和爆速达到最大，分别为 18.34 mm 和 4 970 m/s；从图 3-23(b) 中可以看到，$D_{50}=57\ \mu m$ 的玻璃微球对应乳化炸药的猛度和爆速达到最大，分别为 20.06 mm 和 5 176 m/s，比漂珠敏化乳化炸药的最高猛度和爆速值分别高出 0.72 mm 和 206 m/s。随着 D_{50} 的增大，漂珠和玻璃微球型乳化炸药的铅柱压缩量和爆速值呈先增大后减小趋势，当 D_{50} 超过一定值时，铅柱压缩量和爆速值会随着 D_{50} 的增大而降低，当粒径 D_{50} 较小时，$D_{50}=26\ \mu m$ 的漂珠和 $D_{50}=18\ \mu m$ 的玻璃微球敏化乳化炸药发生拒爆。对于乳化炸药而言，乳化炸药中的敏化气泡在爆炸冲击波快速绝热压缩下转变成"热点"。当敏化气泡过小时，由于作用在其表面的能量过小，其内部温度不足以形成"热点"；当敏化气泡过大时，敏化气泡内部气体所受平均能量小，同样影响"热点"的形成。"热点"的最佳尺寸大小在 40～100 μm，漂珠和玻璃微球壁厚分别为 5～10 μm 和 0.5～0.7 μm。本书中漂珠和玻璃微球作为物理敏化剂的最佳粒径分别为 83 μm 和 57 μm，其内部的空心结构尺寸符合"热点"形成要求。

借助空中爆炸试验，研究漂珠和玻璃微球的粒径对其敏化乳化炸药的做功能力的影响。在爆炸碉堡中展开空中爆炸试验(图 3-24)，其最大试验药量为(TNT 当量)1.0 kg，可承载 2.0 MPa 的静压，保证了在复杂环境下的安全使用。测试样品用聚氯乙烯保鲜膜包裹成椭球形，每个乳化炸药试验样品中都含有 50 g 乳胶基质。试验用压电式压力传感器型号为 CY-YD-202，参考灵敏度为 26.33 Pc/10^5 Pa，并将球形装药固定于爆炸碉堡中心，同一水平高度距离球形装药 70 cm 处固定传感器。使用发爆器将插在乳化炸药球形药包上的 8 号导爆管雷管引爆，在雷管爆炸的瞬间也引爆了固定在爆炸碉堡中心的乳化炸药球形药包；炸

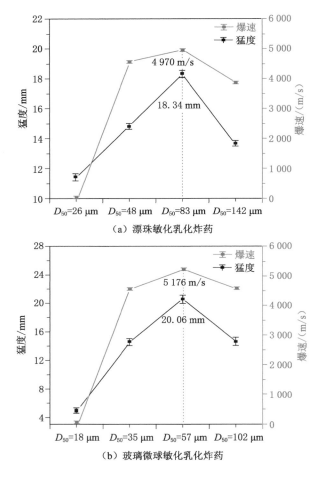

（a）漂珠敏化乳化炸药

（b）玻璃微球敏化乳化炸药

图 3-23　最佳用量下不同 D_{50} 漂珠和玻璃微球敏化乳化炸药猛度和爆速曲线图

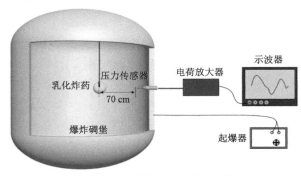

图 3-24　空中爆炸试验装置示意图

药爆炸发出的冲击波猛烈挤压周围的气体,压力传感器会将压力信号转变成电信号并经过电荷放大器作用后呈现在示波器显示屏幕上;示波器屏幕中显示的是电压随时间变化的曲线,最后借助计算机软件处理得到压力-时间曲线,如图 3-25 所示。

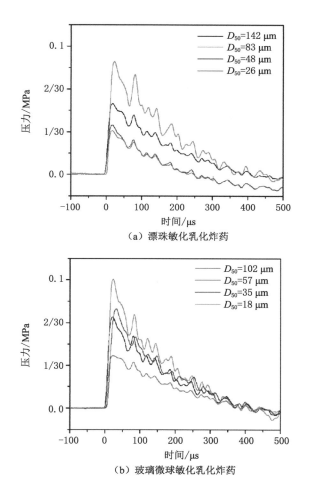

图 3-25 漂珠和玻璃微球敏化乳化炸药空中爆炸压力-时间曲线

图 3-25(a)和(b)分别为漂珠和玻璃微球型乳化炸药的空中爆炸冲击波压力-时间曲线,随着 D_{50} 的增加,漂珠和玻璃微球型乳化炸药的空中爆炸冲击波峰值压力都呈先增大后减小的变化趋势。四组漂珠敏化乳化炸药空中爆炸试验结果中,峰值压力最大可达 0.088 0 MPa,对应漂珠 $D_{50}=83$ μm,用量 12%;四

组玻璃微球型乳化炸药空中爆炸峰值压力最大可达到 0.100 2 MPa,对应玻璃微球 $D_{50}=57\ \mu m$,用量 4%(表 3-11)。不同粒径玻璃微球型乳化炸药正压作用时间区别不大,集中在 360 μs 左右;不同粒径漂珠型乳化炸药的正压作用时间相差较大,而 $D_{50}=83\ \mu m$ 的漂珠型乳化炸药的正压作用时间与玻璃微球最大峰值压力对应正压作用时间基本相同。由此可见,漂珠和玻璃微球的粒径分别为 83 μm 和 57 μm 时,其敏化乳化炸药的做功能力最大,这与猛度和爆速试验中得到的漂珠和玻璃微球的最佳粒径一致。

表 3-11 漂珠和玻璃微球敏化乳化炸药冲击波峰值压力

乳化炸药	$D_{50}/\mu m$	质量分数/%		距离/cm	p_m/MPa	$t+/\mu s$
		乳胶基质	敏化剂			
漂珠型	26	100	12	70	0.034 1	230.1
	48	100	12	70	0.038 6	249.3
	83	100	12	70	0.088 0	359.3
	142	100	12	70	0.055 1	384.1
玻璃微球型	18	100	4	70	0.040 9	382.3
	35	100	4	70	0.077 4	383.5
	57	100	4	70	0.100 2	364.2
	102	100	4	70	0.070 9	365.8

图 3-26 所示为漂珠型乳化炸药和玻璃微球型乳化炸药的 TG-DSC 曲线。从图 3-26(a)中可以看到,两种乳化炸药的质量损失都集中在两个阶段:乳胶基质中水的损失为第一阶段,两种乳化炸药损失的水分均约为 11.13%。第二阶段的失重主要由乳化炸药中 NH_4NO_3 的受热分解导致。其中,漂珠敏化乳化炸药在第二阶段损失的质量为 64.1%,而玻璃微球型乳化炸药在第二阶段的质量损失为 73.02%,造成这种差异的主要原因是漂珠和玻璃微球作为敏化剂的最佳添加比例不同,导致乳胶基质的含量也存在着差别。图 3-26(b)所示为两种乳化炸药的 DSC 曲线,可以看到漂珠和玻璃微球型乳化炸药的放热峰值温度分别为 261 ℃ 和 275 ℃,漂珠型乳化炸药从初始放热到结束放热所在的温度区间为 245~270 ℃,空心玻璃微球型乳化炸药从初始放热到结束放热所在的温度区间为 257~284 ℃。

通过开展一系列试验,探讨了漂珠和玻璃微球两种物理敏化剂的微观形貌、敏化剂含量和粒径大小对乳化炸药爆轰特性的影响,确定了乳化炸药中漂珠的最佳比例和粒径;与玻璃微球型乳化炸药进行对比,探讨了在最佳配方下漂珠型

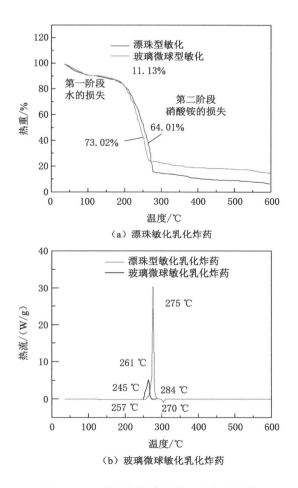

（a）漂珠敏化乳化炸药

（b）玻璃微球敏化乳化炸药

图 3-26　两种乳化炸药的热重和热流曲线

乳化炸药的相容性与和热稳定性。漂珠敏化乳化炸药中漂珠的最佳用量和粒径分别为 12％和 83 μm，该配方下乳化炸药的铅柱压缩量和爆速值最高为 18.34 mm 和 4 970 m/s，比玻璃微球型乳化炸药的略小；空中爆炸试验结果表明，漂珠粒径对乳化炸药做功能力、猛度和爆速的影响一致。乳化炸药 SEM 结果显示，漂珠与乳胶基质间具备较好的相容性，储存三个月后并未发现破乳现象。从 TG-DSC 试验数据可以看出，漂珠型乳化炸药和玻璃微球型乳化炸药都具备较好的热稳定性。漂珠作为工业废渣粉煤灰的主要成分，漂珠敏化乳化炸药性能好且成本低廉，同时有利于环境保护，有望成为物理敏化剂的新品种。

3.6 耐压微囊敏化乳化炸药的爆轰性能研究

3.6.1 乳化炸药的配方设计

与玻璃微球型乳化炸药进行对比试验,探讨了耐压微囊中漂珠敏化乳化炸药的爆轰特性,确定了漂珠的最佳粒径和加入量分别为 83 μm 和 12%,空心玻璃微球的最佳粒径和加入量分别为 58 μm 和 4%。因此,制备耐压微囊时选用平均粒径为 83 μm 的漂珠。将耐压微囊作为一种耐压助剂添加到玻璃微球型乳化炸药中。制备了三种不同含量耐压微囊的玻璃微球型乳化炸药,每种乳化炸药中含有 4% 的空心玻璃微球,见表 3-12。

表 3-12 三种不同含量耐压微囊敏化乳化炸药

乳化炸药	质量分数/%			密度 /(g/cm³)
	乳胶基质	玻璃微球	耐压微囊	
玻璃微球型	96	4	0	1.18
玻璃微球-2%耐压微囊型	94	4	2	1.15
玻璃微球-4%耐压微囊型	92	4	4	1.11

3.6.2 爆轰性能测试

为了探究耐压微囊添加量对乳化炸药爆轰性能的影响,如图 3-27 所示,采用铅柱压缩法来衡量乳化炸药猛度,未压缩铅柱的直径和高度分别为 40 mm 和 60 mm,通过猛度和爆速试验研究耐压微囊添加量对玻璃微球型乳化炸药爆轰特性的影响,每组乳化炸药试验三次并取平均值。采用探针法测定乳化炸药的爆轰速度,将乳化炸药测试样品塞入长度和直径分别为 270 mm 和 32 mm 的聚氯乙烯管中,相邻两探针的间距为 50 mm,借助五段智能爆速仪记录试验数据。

图 3-27 与表 3-13 所示为三种乳化炸药的猛度和爆速试验结果,可以看到,玻璃微球-2%耐压微囊型乳化炸药的猛度为 16.05 mm,只比玻璃微球型乳化炸药的猛度低了 0.16 mm;而玻璃微球-4%耐压微囊型乳化炸药的猛度为 14.20 mm,比玻璃微球型乳化炸药的猛度低了 2.01 mm。玻璃微球-2%耐压微囊型乳化炸药的爆速值为 4 655 m/s,相比于不加 2%耐压微囊的乳化炸药爆速值只低了 27 m/s;而玻璃微球-4%耐压微囊型乳化炸药的猛度为 4 530 m/s,相比于不加 2%耐压微囊的乳化炸药猛度低了 152 m/s。可以看到,玻璃微球型乳化炸药

未压缩铅柱　　玻璃微球-4%耐压微囊型　　玻璃微球-2%耐压微囊型　　玻璃微球型

图 3-27　三种乳化炸药的猛度

的爆炸威力随着耐压微囊添加量的增加而降低,因为耐压微囊添加量的增大导致乳胶基质的密度减小,并且因为耐压微囊的主要成分为惰性物质 SiO_2 和 H_2O,不能提高爆炸威力。因此,通过上述猛度和爆速试验确定耐压微囊的合适比例为 2%。

表 3-13　三种乳化炸药的猛度和爆速

乳化炸药	质量分数/%			密度 /(g/cm³)	猛度 /mm	爆速 /(m/s)
	乳胶基质	玻璃微球	耐压微囊			
玻璃微球型	96	4	0	1.18	16.21±0.02	4 682±45
玻璃微球-2% 耐压微囊型	94	4	2	1.15	16.05±0.04	4 655±30
玻璃微球-4% 耐压微囊型	92	4	4	1.11	14.20±0.05	4 530±40

综上所述,本节首先借助不同目数的筛子筛选出了四组漂珠和四组玻璃微球样品,每组样品的粒径分布借助激光粒度分析仪依次展开测试。SEM 和 EDS 测试结果表明:漂珠和玻璃微球都呈椭球形,漂珠的壁厚在 10 μm 左右,玻璃微球的壁厚在 1 μm 左右;SiO_2 和 Al_2O_3 两种惰性化学物作为漂珠和玻璃微球的主要化学成分,其中 SiO_2 都超过 50%。开展两种敏化剂敏化乳化炸药之间的对比试验,通过猛度和爆速试验确定了漂珠的最佳比例为 12%;然后通过猛度、爆速和空中爆炸试验确定了漂珠的最佳粒径为 83 μm。在确定了漂珠作为敏化剂的最佳比例和平均粒径后合成了一定量的耐压微囊,发现 4% 玻璃微球-2% 耐压微囊型乳化炸药和 4% 玻璃微球型乳化炸药的爆轰特性基本吻合。

TG-DSC测试结果表明耐压微囊型乳化炸药同样具备优良的热稳定性。

3.7 耐压微囊敏化乳化炸药的抗动压减敏研究

乳化炸药的爆轰稳定性会因压力减敏在一定程度上降低,这一现象引发了各国学者的关注,国内针对传统乳化炸药压力减敏问题也开展了大量的研究。物理敏化与化学敏化是乳化炸药两种最常见的敏化方式,其中,玻璃微球、膨胀珍珠岩为常见的物理敏化剂,$NaNO_2$、$NaHCO_3$ 为常见的化学敏化剂。近年来,研究人员选用 MgH_2 作为新型含能敏化剂添加到乳胶基质中,MgH_2 既是敏化剂又是高能添加剂。从结果可以看出,MgH_2 型乳化炸药具备优异的爆轰特性和较好的抗动压减敏性能,但 MgH_2 价格昂贵。本节利用上述合成的耐压微囊,在爆炸水池中开展了乳化炸药加压试验和水下爆炸测试,探讨了添加耐压微囊的乳化炸药在遭受不同强度动压后的爆炸能力改变情况,最后分析了耐压微囊型乳化炸药的抗动力减敏机理。

为了验证耐压微囊型乳化炸药的抗动压特性,制备了 4%玻璃微球-2%耐压微囊型乳化炸药和 4%玻璃微球型乳化炸药,每组待测乳化炸药样品质量固定在 30 g,药包直径约为 37 mm,见表 3-14。

表 3-14 两种乳化炸药配方

乳化炸药	质量分数/%			密度 /(g/cm³)
	乳胶基质	玻璃微球	耐压微囊	
4%玻璃微球型	96	4	0	1.18
4%玻璃微球-2%耐压微囊型	94	4	2	1.15

为了研究加入耐压微囊的乳化炸药的抗动压特性,对 4%玻璃微球-2%耐压微囊型乳化炸药和 4%玻璃微球型乳化炸药分别进行冲击波动压试验,如图 3-28 所示,借助自行设计的冲击波动压加载装置展开试验。首先把包裹好的压装 RDX 绑在加压装置的正中央位置,然后在同一水平高度距压装 RDX 不同位置处固定待测样品,最后将加压装置缓慢放入爆炸水池中。试验时启动发爆器引爆插在压装 RDX 内部的雷管,雷管引爆的瞬间也引爆了压装 RDX,雷管和炸药爆炸产生的冲击波会使周围的乳化炸药样品受到不同强度的压缩作用。紧接着对受压程度不同的试验样品展开水下爆炸测试,同一水平高度上距离乳化炸药测试样品 70 cm 处固定有 PCB 水下爆炸压力传感器,使用雷管引爆乳化炸药样品并用示波器记录试验结果,每组乳化炸药样品开展三次试验并对试验结

果取平均值。

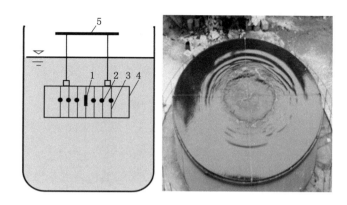

1—压缩 RDX；2—乳化炸药；3—铁丝；4—钢架；5—支架。

图 3-28　乳化炸药冲击波动压压缩装置

　　图 3-28 所示为乳化炸药冲击波动压压缩装置，其中球形压装 RDX 起爆药由 RDX 与石蜡组成，质量比为 100∶5，质量为 10 g，密度是 1.65 g/cm³。将待测球形乳化炸药用钢丝固定在 RDX 不同距离处是为了模拟不同强度的冲击波动压，压装 RDX 在装置中心被雷管引爆后，形成的冲击波会压缩不同位置处的乳化炸药，采用这种方法可以模拟延时爆破工程作业中乳化炸药的动压减敏。为了研究 4% 玻璃微球-2% 耐压微囊型乳化炸药和 4% 玻璃微球型乳化炸药在遭到冲击波动压作用后的爆炸威力，对受压后的两种乳化炸药分别进行水下爆炸试验，水下爆炸试验在直径和深度分别为 5.5 m 和 3.62 m 的爆炸水池中展开。待测样品在试验过程中被放在水面以下爆炸水池的中心位置，且与 PCB 压力传感器之间的间距为 0.5 m，动压作用后的乳化炸药在爆炸水池中被雷管引爆并且借助示波器记录冲击波波形。水下爆炸受压乳化炸药的点火延迟时间不超过 20 min，每组乳化炸药样品展开三次测试并取平均值。

　　为了直观表示乳化炸药动压减敏，提出了用减敏率来评估遭到外部压力作用后乳化炸药爆轰特性削弱的情况，减敏率越小，乳化炸药所具备的抗压能力越强。计算公式如下：

$$D = (p_0 - p_1)/(p_0 - p_d) \tag{3-3}$$

式中，D 是减敏率；p_0 和 p_1 分别表示乳化炸药加压前后水下爆炸冲击波峰值压力；p_d 代表的是水下单发 8 号雷管爆炸冲击波峰值压力，通过水下爆炸试验，测得两发 8 号雷管冲击波峰值压力分别为 5.92 MPa 和 6.08 MPa，取平均值为 6.0 MPa。

$D=0$ 代表乳化炸药爆轰彻底,没有受到动压减敏的任何干扰;$D=100\%$ 代表乳化炸药发生拒爆,在动压作用下完全压死。当乳化炸药的动压减敏程度不同时,对应着不一样的 D 值,两者呈正相关关系,若爆轰特性受动压减敏影响越大,则对应的 D 值越大。结合式(3-3)可计算得到 4% 玻璃微球-2% 耐压微囊型乳化炸药和 4% 玻璃微球型乳化炸药的减敏率,结果列于表 3-15。

表 3-15 两种乳化炸药不同受压距离的减敏率

受压距离/cm	4% 玻璃微球型		4% 玻璃微球-2% 耐压微囊型	
	p_1/MPa	$D/\%$	p_1/MPa	$D/\%$
25	6.7	93.91	12.2	37.37
75	9.2	72.17	14.9	10.10
未受压	17.5	0	15.9	0

注:p_1 表示冲击波峰值压力,D 表示减敏率。

图 3-29 所示为水下爆炸得到的关于两种乳化炸药的压力-时间曲线。从中能够看出,两种乳化炸药的冲击波峰值压力在受压后都下降了,但相同距离受压后 4% 玻璃微球-2% 耐压微囊型乳化炸药的峰值压力大于玻璃微球型乳化炸药的峰值压力。通过对比两种乳化炸药的减敏率得出了各自的抗压特性。

由表 3-15 可以看出,在乳化炸药受到同等冲击波动压作用后,4% 玻璃微球-2% 耐压微囊型乳化炸药的减敏率明显低于 4% 玻璃微球型乳化炸药的减敏率。当距离是 25 cm 时,4% 玻璃微球型化炸药的减敏率和 4% 玻璃微球-2% 耐压微囊型乳化炸药的减敏率分别为 93.91% 和 37.37%。4% 玻璃微球型乳化炸药的减敏率在受压距离达到 75 cm 时仍然高达 72.17%,而此时 4% 玻璃微球-2% 耐压微囊型乳化炸药的减敏率仅为 10.10%。这表明耐压微囊能明显缓解动压减敏问题。前期试验研究发现,玻璃微球在动压作用后被压碎,导致乳化炸药中剩余的"热点"数特别少,削弱了乳化炸药原有的爆轰特性。虽然高强度动压作用会导致乳胶基质中玻璃微球和耐压微囊的破坏,但是在耐压微囊被破坏的同时,耐压微囊能够迅速发生化学反应产生气体,形成新的敏化气泡,成为"热点"。

综上所述,采用高速剪切的方法制备了一种新型的双层结构耐压微球,微球呈椭球形,具备双层中空结构。双层中空结构微球可作为耐压微囊,将其作为一种乳化炸药用敏化剂助剂加入乳化炸药中。当乳化炸药遭受到外界较小的动压作用时,耐压微囊和乳化炸药中原有的敏化气泡仍能保持完整结构,耐压微囊内部中空的粉煤灰空心漂珠可以充当炸药的"热点";当乳化炸药受到的动压超过

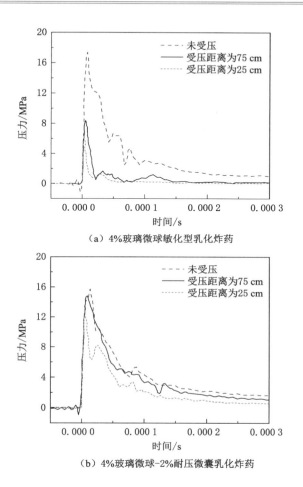

（a）4%玻璃微球敏化型乳化炸药

（b）4%玻璃微球-2%耐压微囊乳化炸药

图 3-29　两种受压乳化炸药的冲击波峰值压力-时间曲线

耐压微囊的压力范围时,耐压微囊与乳化炸药中原有的敏化气泡会受到破坏,但在受到破坏的同时,发泡剂和发泡剂助剂相互接触发生反应生成气体,形成新的敏化气泡,解决了压力减敏问题,提高了乳化炸药的抗压性。通过设计的动压加载装置模拟乳化炸药受到不同冲击波压力作用,并通过水下爆炸试验研究了耐压微囊的抗动压性能及抗动压减敏机理。同时分别计算了两种乳化炸药的减敏率,得出添加 2%耐压微囊的玻璃微球型乳化炸药与 4%玻璃微球型乳化炸药相比具有优异的抗动压能力。耐压微囊抗动压机理主要是耐压微囊在动压作用下破坏的同时发生化学反应,引入新的敏化气泡充当"热点"。

3.8 研究结论与创新点

3.8.1 研究结论

本章围绕着传统乳化炸药存在的压力减敏问题展开试验,以粉煤灰漂珠作为耐压微囊内核,采用漂珠穿孔、漂珠内部浸入发泡剂助剂、聚合物包覆漂珠和高速剪切工艺制备了一种双层壳体结构耐压微囊。测试了耐压微囊的粒度、微观形貌、产气性能和热稳定性;研究了作为耐压微囊内核的漂珠的微观结构、化学组成以及作为乳化炸药物理敏化剂的最佳配比和粒径;研究和探讨了耐压微囊的最合适添加比例、抗冲击波动压性能和耐压机理。得出以下主要结论:

① 采用高速剪切的方法制备了一种新型的双层结构微囊,微囊呈椭球形。双层中空结构微囊可作为乳化炸药的耐压微囊,耐压微囊的合成主要分为四个步骤:漂珠的穿孔、漂珠内部浸入发泡剂助剂、聚合物包覆浸入发泡剂助剂的漂珠和高速剪切法制备耐压微囊。SEM 和激光粒度分析测试表明,漂珠壁厚比玻璃微球的壁厚厚且采用真空浸液方法在漂珠内部成功浸入发泡剂助剂固体结晶,最终合成的耐压微囊呈椭球形且平均粒度集中在 $200~\mu m$ 附近。耐压微囊产气和热分析测试试验结果表明,耐压微囊在被压碎的同时可以产生大量的气泡并形成新的"热点",耐压微囊具备一定的热稳定性。

② 漂珠和玻璃微球均呈椭球形,前者壁厚在 $10~\mu m$ 左右,后者壁厚在 $1~\mu m$ 左右,SiO_2 作为漂珠和玻璃微球的主要惰性化学成分,含量都超过 50%。从猛度、爆速和空中爆炸试验结果可以看出,漂珠的最佳比例和最佳粒径分别为 12% 和 $83~\mu m$。4%玻璃微球-2%耐压微囊型乳化炸药的爆轰特性与 4%玻璃微球型乳化炸药的爆轰特性基本接近。热分析测试结果表明,耐压微囊型乳化炸药同样具备优良的热稳定性。

③ 借助设计的动态压力减敏设备模拟乳化炸药遭受不同强度冲击波的挤压作用,结合水下爆炸试验探讨了耐压微囊型乳化炸药的抗动压能力及抗动压减敏机理。试验结果得出:同一受压距离下,添加 2%耐压微囊的玻璃微球型乳化炸药的减敏率与 4%玻璃微球型乳化炸药的减敏率相比较小,耐压微囊的加入减缓了乳化炸药的压力减敏程度。耐压微囊的抗压机理主要是:当乳化炸药遭到较小外界动压作用时,耐压微囊和乳化炸药中原有的敏化气泡仍能保持完整结构,耐压微囊内部中空的粉煤灰漂珠也可以充当炸药的"热点";当乳化炸药受到的动压超过耐压微囊的压力范围时,耐压微囊与乳化炸药中有的敏化气泡结构会受到破坏,但耐压微囊发生反应生成气体,产生新的敏化气泡,提供新的

"热点",提高了抗压能力并解决了压力减敏问题。

3.8.2　创新点

① 研制出了一种乳化炸药用耐压微囊,作为敏化剂助剂。制备了一种乳化炸药用耐压微囊,将其加入乳化炸药中。当乳化炸药遭到较小压力作用时,耐压微囊中的漂珠同原有敏化气泡功能一样;当乳化炸药遭到较大压力作用时,原敏化气泡和耐压微囊都被破坏,耐压微囊被压碎的同时会产生大量的气体充当新的敏化气泡。

② 研制出抗压性能好、安全性高的乳化炸药用耐压微囊,为抗压乳化炸药的设计提供了一种新思路。深入分析了乳化炸药产生压力减敏的原因,在粉煤灰漂珠的基础上结合化学发泡剂,进行漂珠穿孔、浸液、包覆和剪切等工序,合成了双层壳体结构耐药微囊。耐压微囊以疏水性纳米二氧化硅为外壳,与乳胶基质具有良好的相容性且具有较好的抗压性能。此外,选用粉煤灰漂珠作为耐压微囊的内核,属于废物利用且漂珠能充当乳化炸药的物理敏化剂。

③ 在工程爆破实践中,如何有效解决延时爆破和深水爆破作业中因动、静荷载而引起的压力减敏问题,对乳化炸药的爆破效果与使用安全性的提高至关重要。乳化炸药用双层壳体结构耐压微囊可以有效解决传统乳化炸药存在的动压减敏问题,提高使用安全性。与现有敏化方式相比,耐压微囊型乳化炸药在遭到较小外界动压时,耐压微囊中的漂珠可以充当敏化剂;在受到较大外界动压力作用时,耐压微囊破碎同时产生新的敏化气泡。因此,耐压微囊可以有效解决传统乳化炸药压力减敏问题,提高乳化炸药在爆破施工中的使用安全性。

第4章 缓释微囊的设计及爆轰性能研究

4.1 研究背景

乳化炸药以其优异的耐水性、安全性和储存稳定性,成为世界上应用最广泛的工业炸药。随着乳化炸药应用领域的不断拓展,人们对乳化炸药性能多样性的要求也不断提升。如在硬岩爆破作业中,要求乳化炸药具有较高的爆速和猛度;土石方爆破要求乳化炸药具有较高的做功能力;爆炸焊接要求乳化炸药具有较低的爆速和比冲量;温压炸药配方要求延长后燃效应的作用时间,增强炸药的热毁伤效果;等等。但爆轰能量的不可控性导致炸药爆破效果差、能量利用率低和环境次生灾害等诸多问题。为了改善乳化炸药的性能,国内外学者开展了大量的研究工作。在提高爆炸威力方面,可向乳化炸药中加入军用炸药、储氢合金粉末等;在提高做功能力方面,向乳化炸药中加入铝粉、硼粉等高热值材料等;在降低爆速方面,向乳化炸药中加入黏土、珍珠岩粉等惰性材料。然而,在乳化炸药中直接添加高能物质的方法容易增加炸药的感度,而直接添加高能物质和惰性材料的方法还存在相容性问题,容易引起乳化基质的破乳,使其发生拒爆或半爆现象。

4.2 缓释微囊的制备

4.2.1 试验部分

采用悬浮聚合法制备热膨胀含能中空微囊,主要包括乳化聚合和热膨胀两个阶段。

以液体膨胀剂制备的含能中空微囊的示意图如图 4-1 所示。首先在 $100\sim200$ 份去离子水中依次加入 $10\sim20$ 份 NaOH、$30\sim60$ 份 $MgCl_2 \cdot 6H_2O$、$2\sim5$

份 1% SDS 水溶液,剧烈搅拌 1 h 后形成稳定的悬浮保护液;然后,将 20~40 份单体 MMA、1~2 份引发剂 AIBN、0.2~0.5 份交联剂 EGDMA、10~20 份戊烷和 10~30 份 TiH₂ 混合溶解形成混合油相;随后将油相倒入水相,均化一段时间后可获得稳定的水包油(O/W)乳液,其中油相液滴中含有 TiH₂ 颗粒;立刻将悬浮溶液注入高压反应釜,在一定压力的 N₂ 气氛中缓慢升温至 75 ℃聚合 5 h。聚合完成后,分别用稀盐酸和去离子水重复洗涤复合微囊,然后将复合微囊在 30 ℃下干燥 24 h,以便做进一步分析。最后,将干燥后的复合微囊进行加热膨胀和冷却处理,得到具有中空结构的含能微囊。

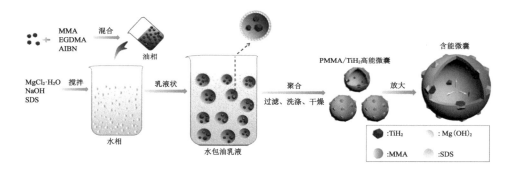

图 4-1   以液体膨胀剂制备的含能微囊的示意图

4.2.2   结果与讨论

4.2.2.1   微囊的粒度影响因素

乳化基质自身无雷管感度,可通过与各种敏化剂共混而得到爆轰感度,如粉煤灰、膨胀珍珠岩、玻璃微球和聚合物微囊。它们在乳液内部提供了足够均匀的孔径,可以轻松调整乳化基质的密度。通过改变引入乳化基质中的气泡量可以获得不同爆轰参数的乳化炸药。前期研究结果表明:乳化炸药中敏化剂含量的变化对乳化炸药的爆轰压力和速度有很大的影响;敏化剂的颗粒尺寸也影响乳化炸药的冲击感度和临界爆轰直径,因此制备粒径合适的含能微囊至关重要。然而,微囊的粒径受到许多因素的影响,本节详细研究了分散的时间和速度两个主要因素对微囊粒径的影响。研究一个因素时,保持其他因素不变。

在乳化过程中,为了获得适宜粒径的含能微囊,平均液滴粒径和液滴粒径分布是需要控制的两个重要参数。为研究分散时间对乳化液滴粒径的影响,分散速度保持 1 000 r/min 不变,在不同时间间隔内(t=1 min、3 min、5 min、10 min)收集少量乳化试样涂抹在载玻片上,通过光学显微镜观察乳化液滴的大小变化,研究乳液的细化行为和微观结构的发展,不同细化时间的乳液样品光学显微镜图片如图 4-2 所示。图 4-2(a)所示为乳化时间 1 min 形成的粗状乳液,液滴呈球形,液滴的大小在几百微米,液滴之间由水相薄膜分开。由图 4-2(a)～(d)可以明显看出,随着剪切时间的延长,油相液滴进一步碎裂成子液滴,无论是液滴的平均大小还是液滴尺寸分布的宽度都在减小。乳化液滴的大小直接决定聚合完成后形成的含能微囊的大小。因此,乳化时间是合成微囊过程中需要控制的重要参数。

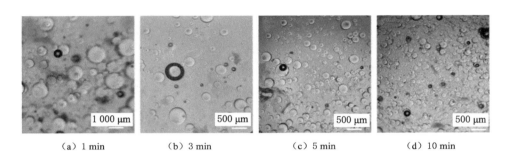

(a) 1 min (b) 3 min (c) 5 min (d) 10 min

图 4-2　在不同时间间隔内乳液样品光学显微镜图片

利用激光粒度分析仪测量了分散时间分别为 1 min、3 min、5 min 和 10 min 形成的含能微囊的粒径,并对数据进行处理,确定了含能微囊的平均粒径和粒径分布。图 4-3(a)和表 4-1 所示为不同分散时间下形成的微囊的平均粒径和粒度分布参数,图 4-3(b)所示为微囊的平均粒径和乳化时间的关系。由图 4-3(a)可以看出,随着分散时间的增加,微囊的平均粒径在减小、分布宽度变窄。不同分散时间形成的含能微囊粒度分布都近似呈正态分布。分散时间 1 min 形成的微囊有两个峰,大多数微囊粒径在 500 μm 以上,低于 100 μm 的小粒径微囊很少。当分散时间增加到 3 min 时,微囊的粒度分布依然有两个峰,但粒径在 1 000 μm 以上的微囊已经很少了,平均粒径在 200 μm 左右。分散时间在 5 min 以上时,微囊的粒度分布只有一个峰。如图 4-3(b)所示,随着乳化时间的延长,形成的含能微囊的平均粒径呈指数下降。乳化 1 min 后形成的含能微囊的平均粒径为 796.75 μm,3 min 内迅速下降到 178 μm。乳化时间从 5 min 增加到 10 min,微囊平均粒径减少了 25 μm。同时随着乳化时间的增加,微囊的分布宽度也在减小。

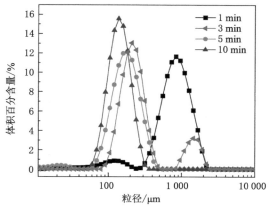

（a）不同分散时间下形成的微囊的粒度分布

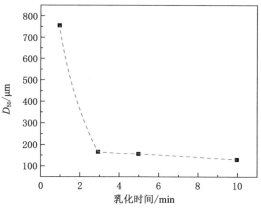

（b）微囊的平均粒径和乳化时间的关系

图 4-3　不同分散时间形成的微囊的粒度分布和微囊的平均粒径和乳化时间的关系

表 4-1　不同分散时间形成的含能微囊的粒度分布

乳化时间/min	$D_{10}/\mu m$	$D_{50}/\mu m$	$D_{90}/\mu m$	分布宽度
1	370.8	754.675	1 323.36	1.26
3	125.75	209.41	1 198.1	5.121
5	81.46	156.27	266.57	1.184
10	84.31	130.43	200.73	0.89

分散速度是影响微囊粒径大小的另一个重要因素，图 4-4 展示了不同分散

速度制备的含能微囊的粒度分布。由图 4-4 可以清楚地看到,随着分散速度从 500 r/min 增加到 1 500 r/min,含能微囊的平均粒径在逐渐减小,粒度分布变得更广。如图 4-4(a)所示,当分散速度为 500 r/min 时,微囊的平均粒径相对较大(约 125 μm),粒度分布相对较宽(60~275 μm)。尽管分散速度增加到 1 500 r/min,微囊的平均直径变得更小(只有约 65 μm),但超过 90% 的微囊的大小分布在 36~105 μm 之间。如图 4-4(b)所示,随着分散速度的增加,微囊的粒径直线下降。所以在乳化阶段,分散速度越快,乳化阶段形成的油滴越小,聚合完成后的含能微囊平均粒径越小。

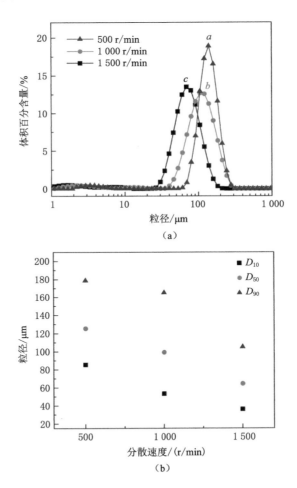

图 4-4 不同分散速度制备的含能微囊的粒度分布

4.2.2.2　微囊形貌的影响因素

聚乙烯醇和纳米 $Mg(OH)_2$ 是制备水包油乳液常用的分散剂。在水油比相同的条件下,研究两种常用的分散剂对含能微囊表面形貌的影响,制备的含能微囊如图 4-5 所示。

（a）聚乙烯醇

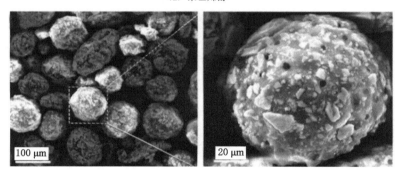

（b）$Mg(OH)_2$

图 4-5　不同种类分散剂制备的含能微囊的扫描电镜图

图 4-5(a)所示为以聚乙烯醇水溶液作为水相分散液制备的复合样品,仅有一些 PMMA 黏聚 TiH_2 的团聚体和纤维或者片状的 PMMA 膜形成,无复合微囊形成。如图 4-5(b)所示,以纳米 $Mg(OH)_2$ 作为分散剂制备的含能微囊具有球形结构且无团聚,表面光滑,无明显孔洞,但微囊的粒度分布不均。原因可归结如下:乳化液在初始阶段的稳定形成和聚合物在分散液滴表面的精确分布是制备具有理想形态特征的微囊的关键因素。乳化液是一个热力学不稳定的体系,分散剂在油水界面形成保护膜,阻碍单个乳化液滴的凝聚,从而使乳液体系更加稳定。由于 TiH_2 是一种固体颗粒,不溶解,而 PMMA 是疏水聚合物,使用聚乙烯醇作水相分散液,混合油相很难在水相中形成稳定的液滴。聚乙烯醇的

加入虽然可以降低表面张力、稳定液滴,但乳化能力较弱,导致界面膜强度较低,容易释放芯材 TiH_2,降低微囊的稳定性。在随后的聚合过程中,PMMA 逐渐沉积,由于其稳定性较弱,很难在微囊上形成致密的壳层,因而微囊在聚合过程中容易破裂,导致 TiH_2 单独团聚沉淀。这说明溶液中的液滴在整个过程中并不稳定,不能形成微囊。但无机分散剂 $Mg(OH)_2$ 形成的乳液稳定性较强,絮凝的 $Mg(OH)_2$ 通过吸附在胶囊界面上可以阻止有机液滴的凝聚,聚合过程中 PMMA 逐渐沉积在微囊表面,在微囊表面形成一层致密的聚合物膜,TiH_2 颗粒被包裹在聚合物微囊内。因此,$Mg(OH)_2$ 较聚乙烯醇可以有效地增强乳液的稳定性,改善微囊的表面形貌和粒径均匀性,促进 $PMMA/TiH_2$ 微囊的形成。

图 4-6 是不同核壳比条件下形成的 $PMMA/TiH_2$ 含能微囊的扫描电镜图。$PMMA/TiH_2$ 含能微囊作为核壳结构复合材料,TiH_2 的含量对微囊的形貌有重要的影响。如图 4-6 所示,在相同的乳化条件下,微囊的核壳比从 0∶1 增加到 2∶1,形成的含能微囊都具有良好的球形形貌,且无团聚现象。但是,随着 $PMMA/TiH_2$ 比例的降低,由于 $PMMA/TiH_2$ 比值太小,聚合物膜 PMMA 不

(a) 0∶1　　　　　　　　　　(b) 0.5∶1

(c) 1∶1　　　　　　　　　　(d) 2∶1

图 4-6　不同核壳比形成的 $PMMA/TiH_2$ 含能微囊的扫描电镜图

能对核材料 TiH_2 有效封装，更多的 TiH_2 颗粒附着在微囊的表面上，使微囊表面变得更加粗糙。因此，通过调整优化 PMMA/TiH_2 配比，可制备良好球形形貌的 PMMA/TiH_2 含能微囊。

图 4-7 是不同压力下合成的含能微囊的扫描电镜图。图 4-7(a)中的含能微囊是在 0.5 MPa 压力下聚合形成的，从图中我们可以看出微球具有良好的球形形貌。然而，如图 4-7(b)所示，在常压下形成的微囊明显起皱。如图 4-8(a)所示，在常压下聚合温度 $T_{rxn}=75$ ℃时的聚合引发了几个过程，这些过程同时发生：① 交联稳定的壳体 PMMA 的形成；② 挥发性成分(单体 MMA、发泡剂)汽化；③ 加热和膨胀使壳体材料软化，当微囊内的蒸汽压力达到一定程度时，微囊壳体膨胀为一个橡胶气球；④ 聚合结束后的迅速冷却导致膨胀壳玻璃化，然后发泡剂凝结，相应的微囊内部压力下降引起壳体起皱。在聚合过程中，微囊的密度由 1.09 g/cm^3(单体密度)增加到 1.5～1.6 g/cm^3(壳层聚合物密度)，半结晶的 MMA 和热塑性 PMMA 在交联剂的作用下形成了具有优异的气/液渗透性的刚性壳体。一旦玻璃化，外壳就保留起皱的结构。所以微囊表面起皱的变化归因于微囊中的挥发性成分在聚合温度($T_{rxn}=75$ ℃)下汽化，导致聚合物壳层在形成的过程中膨胀。当聚合因冷却而终止时，蒸汽冷凝，导致壳层收缩。同时，单体已转化为聚合物，使壳层密度增大、体积减小、起皱。相反，在高压下，如图 4-8(b)所示，微囊内的挥发性成分(单体、发泡剂)的沸点提高，聚合温度 T_{rxn} 小于微囊内部的挥发性成分的沸点 T_b，所以挥发性成分(单体、发泡剂)在聚合过程中不会汽化，微囊在聚合过程也不会膨胀，所以形成的微囊具有良好的球形形态。在使用液体膨胀剂作为芯材合成聚合物微囊的过程中，一般都是在一定的压力范围中制备的，以获得具备良好球形形貌的微囊。

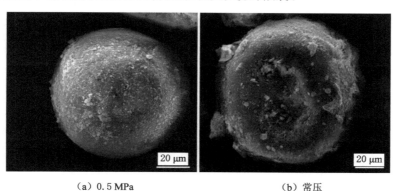

　　(a) 0.5 MPa　　　　　　　　　　(b) 常压

图 4-7　不同压力下合成的含能微囊的扫描电镜图

（a）

（b）

图 4-8　缓释微囊起皱形成机理示意图

4.2.2.3　微囊膨胀性能的影响因素

具有橡胶弹性壳体的微囊，当内部膨胀压力超过外部压力和双轴拉伸壳体内应力引起的恢复压力之和时易发生膨胀。随着膨胀压力的升高和微囊的膨胀，微囊恢复压力也随之增大，直至达到最大，此时壳体变得不稳定。在此极限下，可能导致塑性变形甚至壳体破裂。因此，为了控制微囊的初始膨胀温度和膨胀能力，一种传统的方法是控制恢复压力，它取决于壳体的力学性能，由壳体的厚度和半径以及壳体材料的模量决定。第二种方法是控制膨胀压力，膨胀压力是由核内的膨胀剂汽化产生的蒸汽压力决定的。在相同的温度下，包含不同芯材的微囊的蒸汽压不同。为了制备适用于乳化炸药高低温敏化的含能微囊，我们研究了膨胀剂类别和组成对微囊初始膨胀温度的影响以及膨胀剂的含量对膨胀性能的影响。与以往通过改变壳体力学性能来控制膨胀温度的研究不同，我们通过改变发泡剂的组成来调节微囊的膨胀行为。

我们首先研究了纯液体，即单组分芯材对微囊的初始膨胀温度的影响。不同类别的发泡剂（戊烷、三甲基戊烷）和相同含量的 TiH_2 被封装到同一个聚合物 PMMA 壳中。研究结果发现，微囊初始膨胀温度与芯材组成有很大关系。单组分芯材（100％戊烷和100％三甲基戊烷）的复合微囊的初始膨胀温度 T_{exp} 分别为 106 ℃ 和 137 ℃（表 4-2）。所有微囊的初始膨胀温度都显著高于壳体材料的玻璃化转变温度（$T_g = 105$ ℃），也高于核内液体膨胀剂的沸点。单组分芯材使微囊的初始膨胀温度范围有限。为了扩大微囊的初始膨胀温度的范围，我们制备了核内包含两种液体的微囊，并且研究了装载两种互溶液体微囊的膨胀性能。对于两种互溶液体的混合物,其蒸汽压遵循拉乌尔定律,即混合溶液的总蒸汽压是其组成成分的蒸汽压的摩尔平均。我们期望看到微囊的初始膨胀温度在相应的包封纯液体微囊的初始膨胀温度之间的变化。保持微囊壳体结构不变,当改变戊烷和三甲基戊烷的组成时,微囊初始膨胀温度在 106~137 ℃ 之间,但由此产生的微囊的初始膨胀温度依然被限制在纯液体的膨胀温度范围内。

表 4-2　包封不同类别膨胀剂的含能微囊的初始膨胀温度

样品	组分			$T_{exp}/℃$②
	戊烷	三甲基戊烷	戊烷/三甲基戊烷①	
1	100%	0	10:0	106
2	80%	20%	8:2	115
3	20%	80%	2:8	122
4	0	100%	0:10	137

注:① 戊烷/三甲基戊烷是戊烷和三甲基戊烷的质量比。
② T_{exp} 是含能微囊的初始膨胀温度。

将包封不同比例戊烷的含能微囊在 120 ℃ 干燥箱中加热 2 min,研究膨胀剂含量对微囊膨胀性能的影响。图 4-9 所示为相同 PMMA 壳体和 TiH_2 含量的情况下,包封不同体积分数戊烷的微囊的膨胀情况。微囊内的戊烷含量从 0 逐渐增加到 10% 时,5 个样品的膨胀率分别为 1.0、1.1、1.2、1.4 和 1.55。微囊中不含膨胀剂时不能发生膨胀,随着发泡剂含量的增加,微囊的膨胀率呈线性增长。但当微囊膨胀剂含量过高时,壳层有限的可扩展性导致气体泄漏,膨胀比偏离线性相关。包封发泡剂的用量直接关系到发泡剂的膨胀率以及由此引起的壳体厚度减小。因此,我们可以通过控制微囊内膨胀剂的摩尔分数来控制微囊的膨胀率。

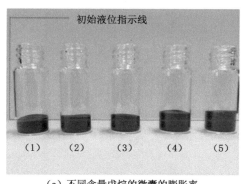

（a）不同含量戊烷的微囊的膨胀率

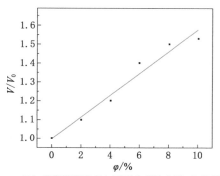

（b）微囊的膨胀率与微囊内戊烷含量 φ 的关系

图 4-9　包封不同含量戊烷的微囊的膨胀情况

4.2.2.4 微囊热稳定性的影响因素

  图 4-10 是戊烷、PMMA 和 TiH_2 的 TG 曲线。戊烷到 50 ℃ 就直接蒸发完毕。TiH_2 是一种非常稳定的储氢材料,直到加热到 450 ℃ 才分解产生氢气。纯 PMMA 存在三个失重阶段,最大热分解温度分别为 250 ℃ 和 385 ℃,到 400 ℃ 几乎完全分解。PMMA/TiH_2 作为一种复合结构微囊,PMMA/TiH_2 微囊的热降解曲线是戊烷、PMMA 和 TiH_2 的热降曲线的累积。

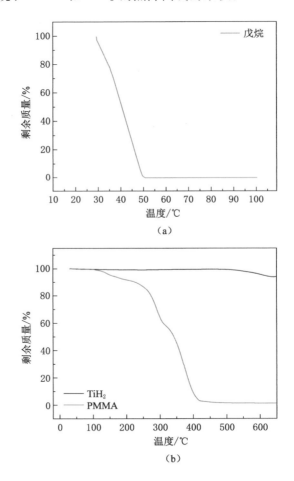

（a）

（b）

图 4-10 戊烷、PMMA 和 TiH_2 的 TG 曲线

  采用 TG 和 DTG 研究了 PMMA/TiH_2 微囊中 TiH_2 含量对微囊热稳定性的影响。图 4-11 为 N_2 环境不同核壳比条件下制备的 PMMA/TiH_2 微囊的 TG 和 DTG 曲线。如图 4-11(a)所示,PMMA/TiH_2 微囊均存在三个失重阶段。第

一阶段在 110 ℃以下,由于吸附水蒸发导致微囊大约有 1% 的重量损失;第二阶段在 110~270 ℃,发生热降解是由于微囊的膨胀和封装在微囊内部戊烷的损失;第三阶段在 270~450 ℃,重量损失与 PMMA 热分解相对应。但随着 TiH_2 含量的增加,最大降解温度略有升高。将 TiH_2 加入微囊中,样品中 PMMA 失重 10% 的温度 T_{10} 由 232 ℃上升到 310 ℃,PMMA 完全分解的温度由 391 ℃增加到 414 ℃(表 4-3)。添加 TiH_2 的复合微囊比纯 PMMA 微囊的复合材料具有更高的热稳定性。T_{10} 升高可以归因于 TiH_2 吸收热量,提高了 $PMMA/TiH_2$ 微囊的耐热性和壳层抗降解的能力。

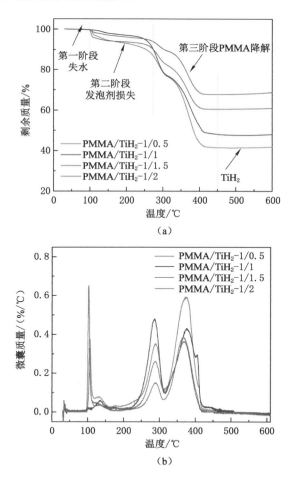

图 4-11　不同核壳比的 $PMMA/TiH_2$ 微囊的 TG 和 DTG 曲线

表 4-3　包封不同 TiH_2 含量的 PMMA/TiH_2 微囊的热特性

样品	内部/%	温度/℃		剩余质量/%
	TiH_2	T_{10}	T_b	450
PMMA	0	232	205	0
PMMA/TiH_2-1/0.5	28.5	256	151	42
PMMA/TiH_2-1/1.0	44.4	277	148	48
PMMA/TiH_2-1/1.5	54.5	284	147	60
PMMA/TiH_2-1/2.0	61.5	310	135	68

随着微囊内 TiH_2 的增加，微囊的壳层破裂温度 T_b 逐渐降低，TiH_2 的加入虽然可以提高微囊的耐热性，但同时也降低了微囊膜的延展性，导致微囊在膨胀过程中提早破裂，造成戊烷泄漏。PMMA/TiH_2 的含能微囊包封的 TiH_2 含量越高，这种现象越明显。通过提取 TGA 数据计算了微囊中 TiH_2 的实际含量，结果表明，随着 MMA/TiH_2 比例的降低，微囊包封的 TiH_2 的含量逐渐增加，与配方中添加的 TiH_2 基本一致，并有一定程度的提高。PMMA/TiH_2 含能微囊的热稳定性随 TiH_2 含量的增加而增加。

4.3　缓释微囊物理性能的影响因素研究

4.3.1　微囊形貌结构的影响因素研究

为了制备出粒径和形貌结构俱佳的含能微囊，本书将进一步对影响微囊形貌结构的因素进行研究。基于课题组的前期研究，本书通过试验开展聚合方式、膨胀剂种类和含量对微囊形貌结构的影响研究。

为了研究聚合方式对含能微囊的形貌结构的影响，分别利用加热聚合、微波聚合以及光聚合方式制备相应的微囊。加热聚合方式一般指将剪切后的水包油(O/W)乳液加入高压反应釜中，然后对高压反应釜进行恒温水浴加热，聚合一定的时间。微波聚合的方式主要是指将聚吡咯、聚苯胺等吸波材料和膨胀剂、含能添加剂一同加入油相中，混合均匀后在水相中剪切分散，然后在微波作用下搅拌聚合，直至聚合结束。光聚合方式是指将光引发剂连同膨胀剂和含能添加剂加入油相中，混合均匀后在水相中剪切分散，最后聚合物单体在紫外光作用下迅速聚合形成 PMMA 外壳。由图 4-12～图 4-14 可知，三种聚合方式的微乳滴在聚合前均保持着良好的球形形态，且乳滴粒径大小均匀。由图 4-12 可以看出，合成好的微囊外部被一层白色透明状的膜包裹着，在其内部可以明显观察到很多黑色的含能添加剂颗粒,同时微囊内部和外壳之间也存在明显的明暗对比,这也证明了其具有核壳结构。然而,相比加热聚合方式,利用微波聚合和光聚合方式制备出的球形微囊数量较少,部分微囊形态不规则,且出现多个微乳滴聚合在一起的现象,如图 4-13(b)和图 4-14(b)所示。此外,微波聚合方式制备微囊的过程中,大量的微囊被破坏后漂浮在悬浮液表面,而光聚合方式制备的微囊出现了团聚、黏结的现象,如图 4-13(c)和图 4-14(b)所示。产生该现象的主要原因可归结为:在微波或紫外光的作用下,聚苯胺和光引发剂会在瞬间达到很高的温度,使微乳滴内部的膨胀剂受热分解,导致微乳滴在聚合完成前提前破裂并漂浮在溶液表面,同时由于微波聚合和光聚合的速度比较快,部分微囊还没有完全分散开又团聚在一起。尽管加热聚合方式较微波聚合和光聚合的反应速度慢、时间长,在一定程度上会降低微囊的包覆率,但是微波聚合和光聚合的反应十分剧烈,会严重破坏微囊的结构。因此,本书将选取加热聚合方式作为微囊制备的合成方式。

 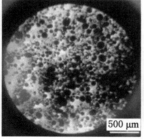 

（a）剪切均化后显微图　　　　（b）聚合后显微图　　　　（c）聚合后照片

图 4-12　加热聚合制备微囊

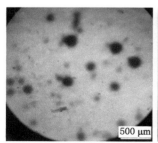 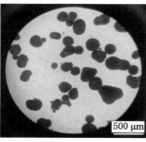

（a）剪切均化后显微图　　　　（b）聚合后显微图　　　　（c）聚合后照片

图 4-13　微波聚合制备微囊

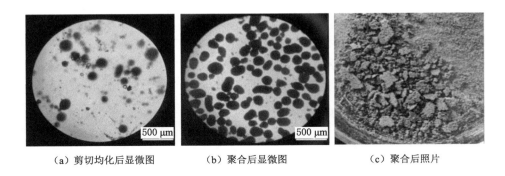

（a）剪切均化后显微图　　　（b）聚合后显微图　　　（c）聚合后照片

图 4-14　光聚合方式制备微囊

　　图 4-15 是分别以 4,4′-氧代双苯磺酰肼（OBSH）、微球发泡剂和正戊烷作为膨胀剂制备的微囊光学显微图。由图 4-15（d）和图 4-15（e）可知,利用 OBSH 作为膨胀剂合成的微囊几乎都呈球形,且球壳表面相对光滑,而以微球发泡剂作为膨胀剂合成的微囊呈树莓形,表面比较粗糙,同时嵌覆较多的微球发泡剂。产生该现象的原因主要是:相对含能添加剂氢化钛或硼粉以及微球发泡剂的密度偏低、质量较轻,在进行剪切分散时部分微球发泡剂会因为离心力较小而嵌在微乳滴表面。微球发泡剂的粒径较小,利用光学显微镜未能观察到嵌覆在微乳滴表面的微球发泡剂。然而,随着聚合反应的进行,嵌覆在微囊表面的微球发泡剂会在聚合反应的热效应作用下发生一定程度的膨胀。聚合完成后,在微囊的表面上可以清晰地观察到许多透明小球。与固体膨胀剂相比,利用液体膨胀剂如正戊烷合成微囊时,为了使剪切分散后的微乳滴中含有液体膨胀剂,需要提高混合油相的剪切速度。因此,利用液体膨胀剂合成的微囊粒径相对较小,并且混合油相中含能添加剂的部分颗粒会因为离心力较高附着在微囊的表面上,降低添加剂的封装效果,如图 4-15（f）所示。通过试验可以发现,相对微球发泡剂和液体膨胀剂,利用 OBSH 合成的微囊具有更好的球形形貌。

　　为了研究膨胀剂含量对微囊形貌结构的影响,试验选取 OBSH 作为膨胀剂,利用光学显微镜分别对含 5%、15%、25% OBSH 的微囊进行观测,结果如图 4-16 所示。加入不同含量 OBSH 的混合油相,剪切后的微乳滴均保持良好的球形形态,且粒径大小均匀,如图 4-16（a）～（c）所示。然而,聚合完成后,随着 OBSH 添加量的不断增加,微囊的粒径也会逐渐增大,并导致微囊出现胀破现象,且 OBSH 的含量越高该现象越严重,如图 4-16（d）～（f）所示。这主要是因为 OBSH 的分散性差,部分粉末会聚集在微囊的某个部位。同时,MMA 单体在聚合过程中释放大量的热量会导致聚集的 OBSH 粉末发生分解,而 OBSH

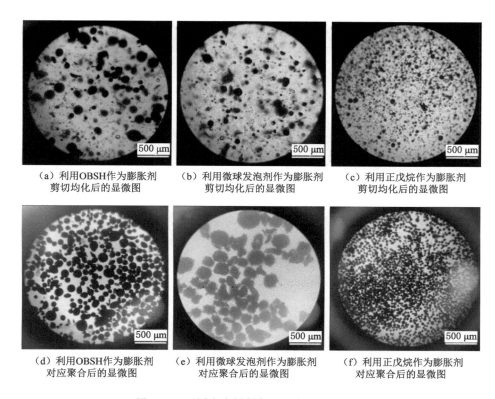

（a）利用OBSH作为膨胀剂　　　　（b）利用微球发泡剂作为膨胀剂　　　（c）利用正戊烷作为膨胀剂
　　　剪切均化后的显微图　　　　　　　剪切均化后的显微图　　　　　　　剪切均化后的显微图

（d）利用OBSH作为膨胀剂　　　（e）利用微球发泡剂作为膨胀剂　　　（f）利用正戊烷作为膨胀剂
　　　对应聚合后的显微图　　　　　　对应聚合后的显微图　　　　　　　对应聚合后的显微图

图 4-15　不同膨胀剂制备的微囊光学显微图

分解产生的气体会冲破未完全固化的微囊外壳,从而导致微囊破裂。通过试验可以发现,相比利用 15% 和 25% OBSH 制备的微囊,添加 5% OBSH 制备的微囊的粒径大小更均匀,且未发生胀破现象。因此,我们可以通过继续调整 OBSH 的含量以制备出形貌结构更好、更适合加入炸药中的含能中空微囊。

4.3.2　微囊膨胀性能的影响因素研究

在含能中空微囊合成过程中,其空心结构的形成主要依靠内部封装的发泡剂。因此,在采用固体膨胀剂法制备含能中空微囊时,为了形成良好的空心结构,试验选择具有合适分解温度和产气量的 4,4′-氧代双苯磺酰肼(OBSH)和偶氮二甲酰胺(AC)用作含能中空微囊的固体膨胀剂。为了对微囊配方进行优化设计,试验研究对比了利用两种固体膨胀剂合成的含能中空微囊的物理性能。

图 4-17 和图 4-18 是分别利用 4,4′-氧代双苯磺酰肼和偶氮二甲酰胺作为固体膨胀剂制备的微囊的光学显微图。

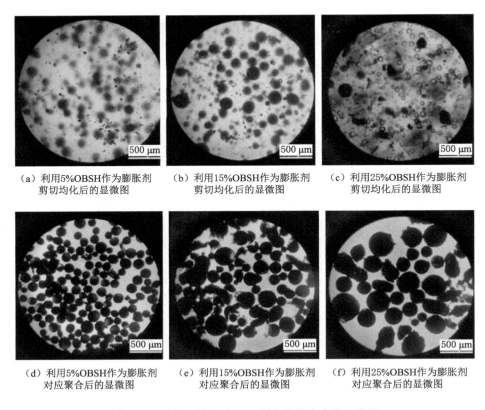

（a）利用5%OBSH作为膨胀剂　　（b）利用15%OBSH作为膨胀剂　　（c）利用25%OBSH作为膨胀剂
　　剪切均化后的显微图　　　　　　剪切均化后的显微图　　　　　　剪切均化后的显微图

（d）利用5%OBSH作为膨胀剂　　（e）利用15%OBSH作为膨胀剂　　（f）利用25%OBSH作为膨胀剂
　　对应聚合后的显微图　　　　　　对应聚合后的显微图　　　　　　对应聚合后的显微图

图 4-16　不同含量的 OBSH 制备的微囊光学显微图

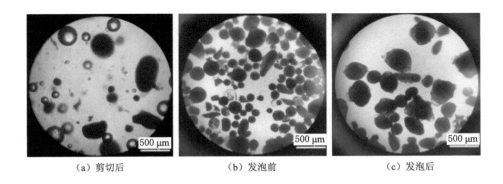

（a）剪切后　　　　　　　　（b）发泡前　　　　　　　　（c）发泡后

图 4-17　以 OBSH 作为固体膨胀剂的微囊光学显微图

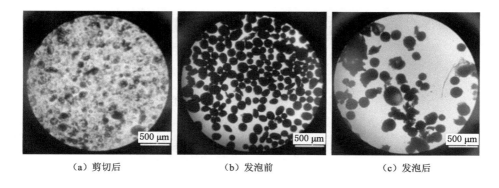

（a）剪切后　　　　　　（b）发泡前　　　　　　（c）发泡后

图 4-18　以 AC 作为固体膨胀剂的微囊光学显微图

由图 4-17 可知,选用 4,4'-氧代双苯磺酰肼作为膨胀剂时,部分微囊在发泡前已发生破裂,且在发泡后微囊的破裂现象更加严重。产生该现象的原因可以归结为:4,4'-氧代双苯磺酰肼的分散性差,部分粉末会在微囊的某个部位累积。同时,MMA 单体在聚合过程中会释放较高的热量使积聚的 OBSH 粉末分解,而积聚的 OBSH 粉末在分解过程中会释放大量的热和气体,从而削弱并冲破其对应位置的 PMMA 外壳。由图 4-18 可知,以偶氮二甲酰胺作为膨胀剂的微囊能够膨胀发泡且大部分的微囊结构相对完好。因此,最终确定偶氮二甲酰胺作为微囊的固体膨胀剂,并对其物理性能进行测试。

图 4-19(a)和(b)所示为膨胀前后的含能中空微囊。由图可知,微囊是球形,不同于不规则的原材料 AC-含能添加剂复合颗粒,而且微囊的分散性较好,未发生团聚。由图 4-19(c)可知,膨胀前的含能中空微囊的粒径范围为 58～180 μm,平均粒径为 101 μm,而膨胀后的微囊粒径范围为 51～210 μm,平均粒径为 107 μm,结果发现微囊膨胀前后的粒径变化不太明显。

为了进一步证实制备的含能中空微囊内部确实存在空心结构,对膨胀后的微囊进行破碎处理并借助扫描电镜观察其内部结构。图 4-20 是对膨胀后的微囊破碎处理前后的扫描电镜图。从图中可以发现微囊内部存在明显的中空结构,同时在微囊的内部也可以观察到添加剂颗粒,从而证实了利用此方法制备具有空心结构的含能微囊的可行性。然而,由于固体膨胀剂法制备的含能中空微囊的膨胀率相对不高,因此尝试利用液体膨胀剂法合成微囊来提高其膨胀性能。

前期在研究发泡剂种类和组成对含能微囊膨胀性能的影响时,发现戊烷相对其他有机烃类发泡剂可以使微囊有更好的膨胀性能。基于此,为了制备的微

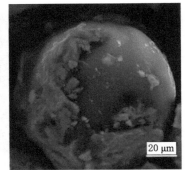

（a）膨胀前的含能中空微囊扫描电镜图　　（b）膨胀后的含能中空微囊扫描电镜图

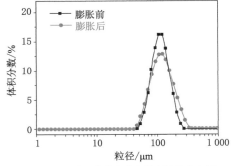

（c）膨胀前后的含能中空微囊粒径分布图

图 4-19　含能中空微囊扫描电镜图和膨胀前后的含能中空微囊粒径分布图

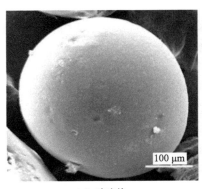
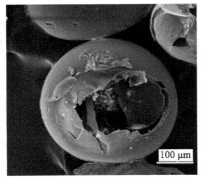

（a）破碎前　　　　　　　　　　　　　（b）破碎后

图 4-20　对膨胀后的微囊破碎处理前后的扫描电镜图

囊具有更好的空心结构,本节将研究发泡方式对微囊膨胀性能的影响,同时观测加热方法和高低压差方法发泡处理后的含能中空微囊的膨胀效果。加热法发泡微囊,是指将微囊放到干燥箱中加热至微囊外壳软化温度,并保温一定时间使微囊发泡。高低压差法发泡微囊,是指将微囊放到高压反应釜中并将高压反应釜加压至一定压力,再将反应釜加热至微囊外壳软化温度以下 5~15 ℃,在维持此温度一定时间后瞬间释放高压反应釜中的压力至常压来使微囊发泡。由图 4-21 可知,通过加热方法发泡的含能中空微囊,其体积相对发泡前有了明显的提升,但其外壳出现了塌陷,形貌不佳。然而,相比加热发泡法,利用高低压差发泡的微囊的膨胀率较高,且微囊形貌较好,表面无塌陷褶皱,如图 4-22 所示。因此,将选取高低压差法发泡的微囊进行物理性能表征。

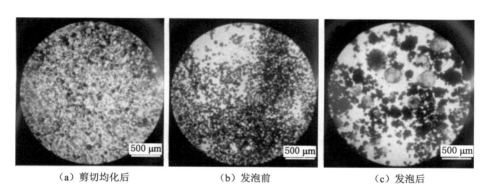

（a）剪切均化后　　　　　（b）发泡前　　　　　（c）发泡后

图 4-21　采用加热发泡方式制备的含能中空微囊的光学显微图

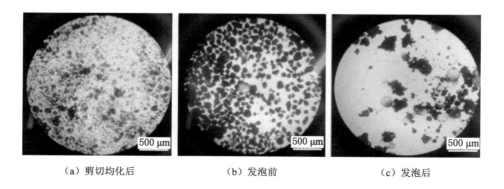

（a）剪切均化后　　　　　（b）发泡前　　　　　（c）发泡后

图 4-22　采用高低压差发泡方式制备的含能中空微囊的光学显微图

图 4-23 显示了氢化钛和 PMMA/氢化钛含能微囊的表面形貌和粒径分布。原材料氢化钛粉末为不规则颗粒,粒径分布很宽,粒径范围为 $0.2 \sim 34.7 \ \mu m$,平均粒径为 $7.6 \ \mu m$,如图 4-23(a)所示。PMMA 封装氢化钛粉末后形成的热膨胀微囊大多数呈球形,微囊粒度的分布变得相对集中,颗粒分布在 $11.5 \sim 182.0 \ \mu m$ 之间,平均粒径为 $58.5 \ \mu m$,如图 4-23(b)所示。此外,为了验证利用液体膨胀剂制备的含能微囊的中空结构,在试验过程中我们利用金属片对膨胀处理后的样品进行破碎处理并观察破碎后的微观结构。如图 4-24 所示,利用扫描电子显微镜对破碎后微囊的形貌结构进行观测,发现其内部确实存在较为明显的中空结构。

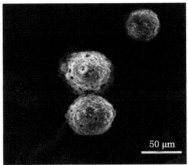

（a）氢化钛颗粒　　　　　　　　（b）含能微囊

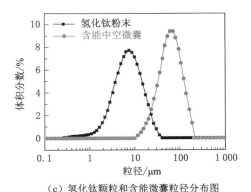

（c）氢化钛颗粒和含能微囊粒径分布图

图 4-23　氢化钛颗粒、含能微囊、氢化钛颗粒和
含能微囊的表面形貌与粒径分布图

（a）破碎前　　　　　　　　　　　（b）破碎后

图 4-24　破碎前后含能中空微囊的扫描电镜图

4.4　添加硼粉型缓释微囊的乳化炸药爆炸性能研究

4.4.1　引言

　　目前,对于乳化炸药爆轰性能的研究主要侧重于猛度、爆速和爆炸压力等方面,涉及爆炸温度的研究相对较少。然而,温度是炸药爆炸过程的重要状态参数,不仅能够反映炸药的爆轰性能与造成的毁伤程度,还可以反映冲击起爆过程和能量释放规律,对爆炸温度展开研究具有重要意义。炸药在爆炸瞬间的温度和压力非常高,直接利用传感器测量爆炸温度极其困难,因此最初对爆炸温度的研究主要借助理论推导。然而,通过理论推导方法虽然可以计算出爆炸温度,但其计算的是整个爆炸过程的温度平均值,很难测量爆炸温度的时空分布。此外,理论爆炸温度的计算基于经验公式,与实际温度有较大偏差,计算结果的准确性不高,不利于对炸药性能与爆轰理论的深入研究。

　　为了获得较准确的爆炸温度值,研究人员在爆炸温度测量领域展开了积极的探索。李媛媛等(2008)通过 K 型钨铼热电偶实现了对密闭条件下不同质量分数铝粉的炸药爆炸场温度的测量。Lebel 等(2013)利用自主开发的光纤探头对 Detasheet-C 炸药的爆炸火球内部温度进行了测量,发现在 20 ms 的测量过程中,爆炸火球的温度区间为 1 600～1 900 K,并在 12 ms 时达到峰值 1 850 K。陈愿等(2015)利用红外热成像光谱仪采集了铝化炸药和 TNT 爆炸火球产生的红外信号,并通过红外信号对爆炸火球的温度和尺寸进行了估算。Maiz 等

（2017）利用光学光谱法测定了新型复合金属化炸药在充有空气或氩气的受限容器中的爆炸火球温度历程，研究表明炸药的装药方式对爆炸火球温度有明显的影响。Richardson 等（2021）通过混合飞秒/皮秒旋转相干反斯托克斯拉曼散射仪分别测量了商用雷管在爆后 18 μs 和 28 μs 的爆炸火球温度，结果发现雷管的爆炸火球温度分布在 300～2 000 K 范围内，并在爆后 28 μs 具有更高的温度。Aduev 等（2021）首次在纳秒时间分辨率下研究了 1 064 nm、14 ns 钕激光脉冲起爆含铝纳米颗粒的 RDX 和 PETN 基复合材料的发光光谱动力学，研究发现 RDX-Al 和 PETN-Al 爆炸产物的发射光谱为热光谱，相对温度分别为 3 500 K 和 3 400 K。然而，利用光谱法测温时会因为目前试验仪器的精度不够、光谱辐射强度收集不全，直接造成温度的测量出现误差。此外，红外热成像测温法在测温时受物体的发射率和环境辐射的影响非常大，严重影响测温精度。对此，Goroshin 等（2006）利用快速响应光学诊断仪记录了凝聚态炸药引爆时火球发出的瞬态辐射，并通过测量辐射强度估算了火球内压缩产物的温度。许仁翰等（2021）提出了一种基于高速成像技术的爆炸温度场测温方法，并运用该方法与红外测温仪分别进行 375 g、750 g 及 1 500 g 三种药量的温压弹爆炸温度测量对比试验。程扬帆等（2013，2014，2016，2017）利用高速相机采集了氢气、MgH_2 和乳化炸药在爆炸过程中的火焰图像，并采用二色比温技术获得了其爆炸过程中的温度分布。与光谱测温法和红外热成像测温法相比，基于黑体辐射理论的比色测温法具有响应速度快、测量精度高、抗干扰能力强等特点，在爆炸瞬态温度测量方面有着广阔的应用前景。

因此，本节将利用二色比温技术测量添加不同含量硼粉乳化炸药的爆炸温度场，同时对其爆炸冲击波参数、爆热和理论爆温进行研究，探究硼粉及其含量对乳化炸药爆炸性能的影响。此外，本节还将对比研究在最佳硼粉含量下，引入未包覆和微囊包覆硼粉的乳化炸药的爆炸性能，以获得微囊技术对含硼乳化炸药爆炸性能的影响。

4.4.2　乳化炸药样品的制备

为了研究硼粉及其含量、微囊技术对乳化炸药爆炸性能的影响，参考文献研究结果，本节制备的 7 组样品分别为添加 0、4％、8％、12％、16％和 20％硼粉以及 24％硼粉型微囊（PMMA：硼粉＝1：2）的乳化炸药。其中，样品 A 为空白乳化炸药样品，样品 B_1～B_5 分别为加入 4％、8％、12％、16％和 20％硼粉的乳化炸药样品，样品 B_6 为添加 24％硼粉型微囊的乳化炸药样品（配方见表 4-4）。其中，试验所用的乳化基质购买于淮南舜泰化工有限公司，密度为 1.31 g/cm³，其组成见表 4-5。

表 4-4　乳化炸药样品的配方

乳化炸药样品	质量分数/%			
	乳化基质	玻璃微球	硼粉	PMMA/硼粉
样品 A	92	8	0	0
样品 B_1	88	8	4	0
样品 B_2	84	8	8	0
样品 B_3	80	8	12	0
样品 B_4	76	8	16	0
样品 B_5	72	8	20	0
样品 B_6	76	0	0	24

表 4-5　乳化基质的组成

组成	NH_4NO_3	$NaNO_3$	H_2O	$C_{12}H_{26}$	$C_{18}H_{38}$	$C_{24}H_{44}O_6$
质量分数/%	75	8	10	1	4	2

4.4.3　二色比温试验

4.4.3.1　比色测温原理

根据普朗克黑体辐射定律(简称普朗克定律),黑体在温度 T(K)、波长 λ(m)处的单色光谱出射度 $M(\lambda,T)$ 与波长 λ 的关系为:

$$M(\lambda,T) = C_1\lambda^{-1}\left(e^{\frac{C_2}{\lambda T}} - 1\right)^{-1} \tag{4-1}$$

通过普朗克定律及光谱发射率,可以推导出爆炸温度场全波长辐射亮度 $L(T)$:

$$L(T) = \frac{1}{\pi}\int_{-\infty}^{\infty}\frac{\varepsilon(\lambda,T)C_1}{\lambda^5 e^{\frac{C_2}{\lambda T}}}d\lambda \tag{4-2}$$

式中,$\varepsilon(\lambda,T)$ 为光谱发射率;C_1 为普朗克第一常数,$C_1 \approx 3.742\times10^{-16}$ m·K;C_2 为普朗克第二常数,$C_2 \approx 1.438\ 8\times10^{-2}$ m·K;T 为温度,K;λ 为波长,m;$L(\lambda,T)$ 为光谱辐射亮度,W/(m³·sr)。

在比色测温过程中,被测温度小于 3 400 K 时,在可见光范围内,可用维恩位移定律取代普朗克定律:

$$M(\lambda,T) = \frac{\varepsilon(\lambda,T)C_1}{\lambda^5 e^{\frac{C_2}{\lambda T}}} \tag{4-3}$$

高速相机的 CMOS 传感器由红(R)、绿(G)、蓝(B)三色滤光片组成,波长的响应范围为 380~780 nm。假设相机在 $\lambda=[\lambda_1,\lambda_2]$ 的可见光谱范围内的响应函

数是 $h(\lambda)$，则相机输出该点的灰度值为：

$$H = \frac{\pi}{4} AUt \left(\frac{2a}{f'}\right)^2 \int_{\lambda_1}^{\lambda_2} K_{\mathrm{T}}(\lambda) E_t(\lambda) h(\lambda) \, \mathrm{d}\lambda \tag{4-4}$$

式中，A 为光敏单元输出电流和图像灰度值之间转换系数；U 为光电转换系数；t 为曝光时间，s；f' 为镜头焦距；a 为镜头的出射光瞳半径；$K_{\mathrm{T}}(\lambda)$ 为镜头的光学透过率；$h(\lambda)$ 为光谱响应函数；λ_1、λ_2 为互补金属氧化物半导体传感器感光的波长上下限。

从 R、G、B 三种基色中任意选取两种，如 R、G 代入式(4-4)，得：

$$T = \frac{C_2\left(\dfrac{1}{\lambda_{\mathrm{r}}} - \dfrac{1}{\lambda_{\mathrm{g}}}\right)}{\ln \dfrac{H_{\mathrm{r}}}{H_{\mathrm{g}}} - \ln \dfrac{K_{\mathrm{g}}}{K_{\mathrm{r}}} - \ln \dfrac{\varepsilon(\lambda_{\mathrm{r}}, T)}{\varepsilon(\lambda_{\mathrm{g}}, T)} - 5\ln \dfrac{\lambda_{\mathrm{g}}}{\lambda_{\mathrm{r}}}} \tag{4-5}$$

R、G、B 三通道比例系数分别为 K_{r}、K_{g}、K_{b}，令 $K = \ln \dfrac{K_{\mathrm{g}}}{K_{\mathrm{r}}} + \ln \dfrac{\varepsilon(\lambda_{\mathrm{g}}, T)}{\varepsilon(\lambda_{\mathrm{r}}, T)}$，整理得：

$$T = \frac{C_2\left(\dfrac{1}{\lambda_{\mathrm{g}}} - \dfrac{1}{\lambda_{\mathrm{r}}}\right)}{\ln \dfrac{H_{\mathrm{r}}}{H_{\mathrm{g}}} + K + 5\ln \dfrac{\lambda_{\mathrm{r}}}{\lambda_{\mathrm{g}}}} \tag{4-6}$$

K 值为修正值，仅与传感器的感光特性及火焰的特性有关，可以用钨丝灯试验标定。从理论上说，已知三通道灰度值 H 的条件下就能够得到该点的温度值，而不需要实际发射率。

4.4.3.2　测试系统及方法

测温试验中，每组乳化炸药样品的质量为 20 g，并采用聚乙烯塑料膜包裹成球形药包。球形药包被固定在钢架上，药包中心距地面和空中爆炸传感器分别为 0.5 m 和 0.7 m，同时高速相机和防护装置被布置在距离药包 20 m 处，如图 4-25 所示。炸药爆炸过程由高速相机（Memrecam HX-3，日本 NAC 公司）记录，拍摄时的帧率设置为 180 000 帧/s，曝光时间为 4.3 s。试验中，每组乳化炸药样品测试 3 次以上，并取有效数据的平均值。

4.4.3.3　硼粉对乳化炸药的爆炸温度场影响研究

试验利用二色比温技术对高速相机记录的炸药爆炸过程图像进行处理计算，得到了对应的爆炸温度云图和温度数据。为了研究添加硼粉的乳化炸药的爆炸温度场的特点，对比分析了空白乳化炸药（样品 A）和加入 4% 硼粉的乳化炸药（样品 B_1）在爆炸过程中的温度分布云图，如图 4-26 和图 4-27 所示。

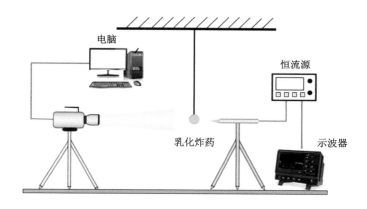

图 4-25　二色比温试验测试系统原理图

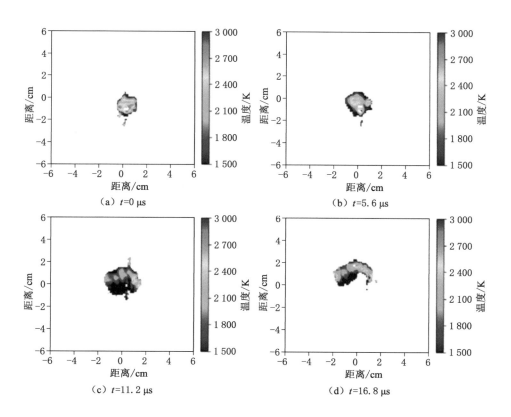

图 4-26　空白乳化炸药爆炸温度云图

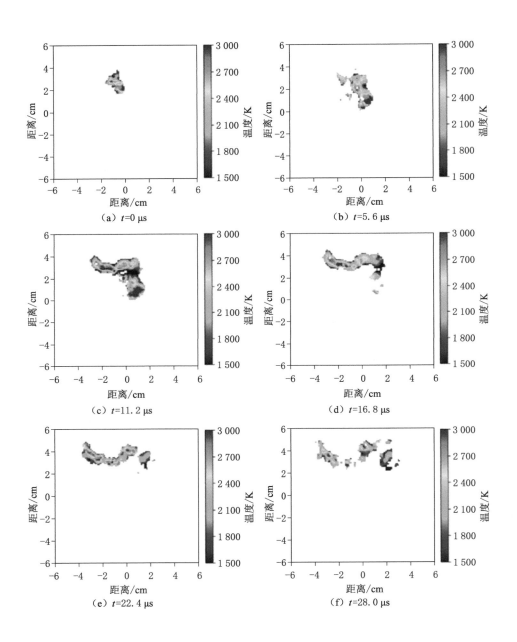

图 4-27　添加 4% 硼粉的乳化炸药爆炸温度云图

此外,为了方便研究炸药的爆炸温度场变化情况,试验中将最初记录的爆炸照片所对应的时刻记为 $t=0$ μs。由于高速相机拍摄时设置的拍摄帧率为 180 000 帧/s,可以确定相邻两张爆炸照片之间的时间间隔约为 5.6 μs。由图 4-26 及其对应的温度数据可知,空白乳化炸药(样品 A)爆炸时,在 $t=0\sim$ 16.8 μs 的时间内,爆炸火焰体积不断增大,火焰温度逐渐降低。因此,爆炸火焰的平均温度在 $t=0$ μs 时得到最大值,其值为 2 063 K。出现该现象的原因可以归结为以下三点:① 炸药在爆炸过程中压缩周围空气对外做功释放能量;② 炸药被引爆后以声、光、热和振动等形式释放能量;③ 炸药爆炸的产物在爆炸冲击波的驱动下向四周扩散,与周围的空气发生快速的热交换并释放热量。由于以上三个原因,炸药在爆炸过程中的内能不断降低,表现为整个爆炸过程中爆炸火焰的温度一直下降。

由图 4-27 及其对应的温度数据可知,加入 4%硼粉的乳化炸药(样品 B_1)在爆炸时,在 $t=0\sim11.2$ μs 的时间内,爆炸火焰体积不断增大,火焰温度逐渐上升,并在 $t=11.2$ μs 时达到最大值 2 396 K。在 $t=11.2\sim28.0$ μs 的时间内,爆炸火焰开始熄灭,火焰体积开始逐渐减小,同时火焰温度逐渐下降。与空白乳化炸药(样品 A)相比,加入 4%硼粉的乳化炸药(样品 B_1)的爆炸火焰温度呈先上升后下降趋势,且火球的最高平均温度和持续作用时间分别提高了 16.1%和 66.7%。产生该现象的原因可以归结为:加入 4%硼粉的乳化炸药(样品 B_1)被引爆后,部分硼粉会作为高能燃料参与炸药的爆轰反应,会提高炸药爆炸的输出能量;冲击波在向四周扩散的过程中,部分硼粉颗粒和爆轰产物会与空气中的氧气湍流混合,发生快速的燃烧反应,释放大量的燃烧热能,从而导致乳化炸药的爆炸温度在前期不仅没下降反而一直保持上升趋势。然而,随着炸药中高能组分燃烧反应的结束以及爆炸产物的进一步扩散,燃烧粒子和爆炸产物逐渐冷却,表现为爆炸火球的温度开始下降。因此,当硼粉颗粒作为高能添加剂引入乳化炸药中时,可以显著提高炸药的爆炸火球温度和火球持续作用时间,增强炸药的热毁伤效果。

4.4.3.4　硼粉含量对乳化炸药爆炸温度的影响研究

为了得到爆炸性能最佳的含硼乳化炸药,对不同含量硼粉的乳化炸药的爆炸温度场数据进行分析处理,以确定硼粉在乳化炸药中的最佳含量,其中对应的爆炸温度参数如图 4-28 和表 4-6 所示。由图 4-28 可知,除空白乳化炸药(样品 A)的爆炸平均温度的变化趋势为一直下降外,其他引入硼粉的含硼乳化炸药的爆炸平均温度呈先上升后下降的趋势,该结果表明硼粉的引入会提高乳化炸药的爆炸温度并延缓其衰减。此外,各组乳化炸药样品 A、B_1、B_2、B_3、B_4、B_5 和 B_6 的最高爆炸平均温度(K)和爆炸火球持续时间(μs)分别为 2 063、2 396、2 433、2 455、2 521、2 430、2 648 和 16.8、28.0、33.6、39.2、44.8、56.0、44.8。硼粉的含量在 0～20％的范围内,乳化炸药样品的爆炸平均温度和火球持续时间分别在硼粉含量为 16％与 20％时达到最大值 2 648 K 和 56.0 μs。产生该现象的原因可归纳为:硼粉作为高能金属粉末,一方面会参与乳化炸药的爆轰反应,提高炸药爆炸温度;另一方面在炸药爆炸后,炸药中的硼颗粒会发生强烈的后燃反应,从而减缓爆炸火球温度的降低。此外,当引入的硼粉较少时,硼粉含量的增加会导致乳化炸药爆炸温度的上升;当引入的硼粉过多时,其会改变乳化炸药的氧平衡,并出现燃烧不充分、能量释放不完全的现象,最终导致炸药爆炸温度的下降。

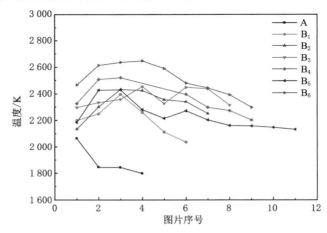

图 4-28　添加不同含量硼粉的乳化炸药爆炸平均温度发展趋势图

表 4-6　乳化炸药爆炸温度参数

乳化炸药样品	最大平均爆温/K	爆炸火球持续时间/μs
样品 A	2 063	16.8
样品 B₁	2 396	28.0
样品 B₂	2 433	33.6
样品 B₃	2 455	39.2
样品 B₄	2 521	44.8
样品 B₅	2 430	56.0
样品 B₆	2 648	44.8

4.4.3.5　微囊技术对含硼乳化炸药爆炸温度场的影响研究

通过上面的分析可知,当乳化炸药中的硼粉含量为 16％时,炸药的平均爆炸温度最高。因此,为了研究微囊技术对含硼乳化炸药爆炸温度场的影响,本节对比分析了分别加入 16％和 24％硼粉型微囊(PMMA:硼粉＝1:2,其他各组乳化炸药中的玻璃微球含量均为 8%,与 PMMA 含量一致)的乳化炸药爆炸过程的温度分布云图,如图 4-29 和图 4-30 所示。

由图 4-29 及其对应的温度数据可知,$t=0\sim11.2$ μs 的时间内,爆炸火球体积不断增大并破裂,火焰温度逐渐上升,并在 $t=11.2$ μs 时刻达到最大值 2 521 K。在 $t=11.2\sim44.8$ μs 的时间内,爆炸火焰开始熄灭,火焰体积先减小后增大,火焰温度逐渐下降,并在 $t=44.8$ μs 时温度降至最低值 2 203 K。出现该现象的主要原因是:在炸药被引爆后,炸药中的大部分硼粉会作为高能燃料参与爆轰反应来提高爆炸输出能量,并会在空气中发生剧烈的燃烧而释放大量热,因此在初始阶段爆炸火焰温度迅速升高。随着燃烧反应的进行,炸药高能组分不断被消耗,爆炸温度也随之下降。此外,由于乳化炸药中的硼粉含量较高且混合不均匀,炸药的部分区域的硼粉含量较低,燃烧反应会在较短的时间内结束。同时,部分区域的硼粉含量较高,燃烧反应持续的时间较长,即其他区域的炸药反应完全后,其燃烧反应仍未结束,导致在炸药整体的爆炸火焰逐渐破裂消散的同时,部分区域的爆炸火焰体积依然会出现逐渐增大的现象。

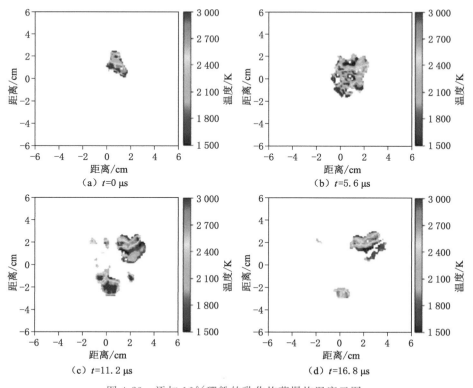

（a）$t=0$ μs   （b）$t=5.6$ μs

（c）$t=11.2$ μs   （d）$t=16.8$ μs

图 4-29   添加 16% 硼粉的乳化炸药爆炸温度云图

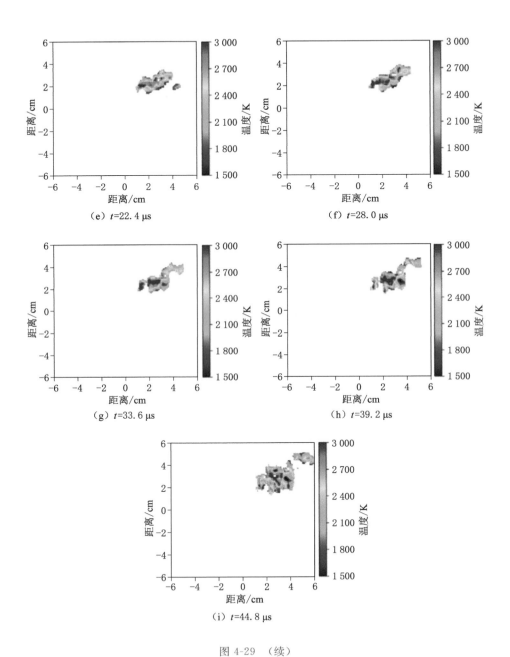

（e）t=22.4 μs

（f）t=28.0 μs

（g）t=33.6 μs

（h）t=39.2 μs

（i）t=44.8 μs

图 4-29 （续）

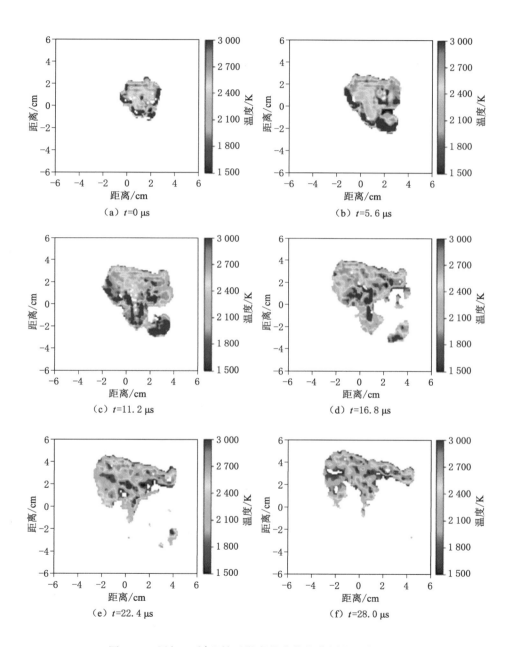

（a）$t=0$ μs

（b）$t=5.6$ μs

（c）$t=11.2$ μs

（d）$t=16.8$ μs

（e）$t=22.4$ μs

（f）$t=28.0$ μs

图 4-30 添加 24% 硼粉型微囊的乳化炸药爆炸温度云图

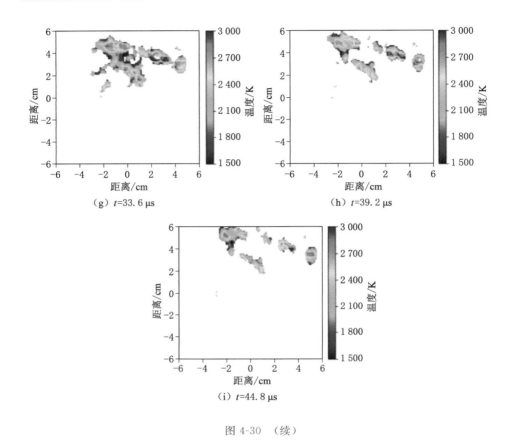

（g）$t=33.6\ \mu s$　　　　　　　　　　　（h）$t=39.2\ \mu s$

（i）$t=44.8\ \mu s$

图 4-30　（续）

　　然而，由图 4-30 及其对应的温度数据可知，加入硼粉型微囊的乳化炸药（样品 B_6）被引爆后，在 $t=0\sim16.8\ \mu s$ 的时间内，爆炸火焰体积不断增大，火焰温度逐渐上升，并在 $t=16.8\ \mu s$ 时刻达到最大值 2 648 K。在 $t=16.8\sim44.8\ \mu s$ 的时间内，爆炸火焰开始熄灭，火焰体积开始逐渐减小，同时火焰温度逐渐下降。与加入未包覆硼粉的乳化炸药（样品 B_4）相比，加入硼粉型微囊的乳化炸药的爆炸火球在成长过程中更规则完整且体积更大，对应时间的爆炸火焰温度更高，且火球的最高平均温度提高了 5.0% 左右。该现象可解释为：将硼粉型微囊加入乳化炸药中，相比单纯将玻璃微球和硼粉加入炸药中，可以使硼粉和"热点"在炸药中分布更加均匀，并能够节省更多的装药空间，提高装药密度，因此改进炸药的爆轰性能。此外，硼粉在燃烧过程中存在点火性能较差和燃烧效率较低的问题，因此在乳化炸药爆炸过程中，炸药中的硼粉容易氧化形成氧化膜且不能完全参与爆轰和燃烧反应，导致其对炸药爆炸参数的促进作用不够明显。利用 PMMA

等作为黏合剂包覆硼粉可提高硼粉的点火性能及其在炸药中的分散性,从而提高硼粉的燃烧效率和含硼乳化炸药的爆炸温度。

4.4.4　空中爆炸试验

4.4.4.1　测试系统及方法

乳化炸药在空中爆炸时所测参数对了解空气冲击波理论和气体动力学具有重要意义。因此,本节研究了硼粉和硼粉型微囊对乳化炸药空中爆炸冲击波参数的影响。本节中的空中爆炸试验数据由美国 PCB 压电式压力传感器采集,经恒流源后,最后由 HDO403A 数字储存示波器记录,如图 4-31 和图 4-32 所示。试验中,每组乳化炸药样品测试三次以上,并取有效数据的平均值。

图 4-31　空中爆炸试验装置实物图

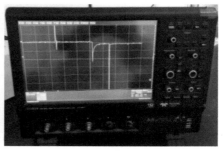

（a）恒流源　　　　　　　　　　　　（b）示波器

图 4-32　恒流源和示波器

4.4.4.2　含硼乳化炸药爆炸冲击波特性研究

　　空中爆炸试验是测试和评估炸药做功能力常用的方式。为了验证添加不同含量硼粉的乳化炸药的爆炸温度场规律,试验利用 PCB 传感器记录了其相应的爆炸冲击波压力数据。然而,空中爆炸试验中存在的干扰因素较多,传感器所采集的波形不能直接使用,需要进行降噪处理。试验中采用 Modified-Friedlander 三参数拟合式[即式(4-7)]对采集的波形进行拟合,获得了较准确的波形数据,如图 4-33 所示。

$$p = p_\mathrm{m}\left(1 - \frac{t}{t_+}\right)\exp\left(\frac{-\alpha t}{t_+}\right) \tag{4-7}$$

式中,p 表示冲击波压力;p_m 表示峰值压力;t 表示时间历程;t_+ 表示正压持续时间;α 表示冲击波波形系数。

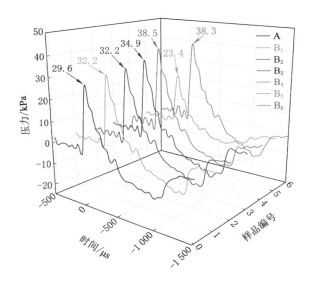

图 4-33　含硼乳化炸药空中爆炸试验压力-时间曲线

　　此外,通过对冲击波压力曲线进行线性拟合,并利用拟合直线的斜率计算出各组乳化炸药样品的正压持续时间。之后,利用正相冲量计算式[即式(4-8)]得到了相应的正相冲量。

$$I_+ = \int_0^{t_+} p\,\mathrm{d}t = p_\mathrm{m} t_+ \left\{\frac{1}{\alpha} - \frac{1}{\alpha^2}\left[1 - \exp(-\alpha)\right]\right\} \tag{4-8}$$

　　由图 4-33 可知,乳化炸药的冲击波峰值压力随着硼粉添加量的增加呈先升高后降低的趋势。出现这种现象的原因可归结为:试验中乳化炸药样品的质量恒定,随着硼粉含量的增加,炸药中乳化基质的质量会不断减少。当添加的硼粉较少时,硼粉对乳化炸药的爆炸冲击波压力的促进作用大于减少的乳化基质对爆炸冲击波压力的削弱作用,从而表现为爆炸冲击波压力的提高;然而,随着硼粉含量的不断增加,乳化基质含量的减少和氧平衡的改变对乳化炸药的爆炸冲击波压力的削弱作用逐渐大于硼粉对乳化炸药的爆炸冲击波压力的促进作用;此外,在乳化炸药中添加过量的硼粉也会使硼粉颗粒燃烧更加不充分、能量释放率更低,最终导致爆炸冲击波压力下降。

通过对降噪后的冲击波压力曲线进行计算,得到了每组乳化炸药样品对应的正压持续时间和正相冲量数据,见表4-7。通过表4-7可以发现,随着乳化炸药中硼粉含量的增加,乳化炸药的爆炸冲击波正压不断增大。出现该现象的原因是:硼粉作为高能粉末在炸药爆炸过程中会参与炸药爆轰反应,从而增加炸药的爆炸威力并延缓冲击波的衰减。当硼粉的添加量为16%(样品B_4)时,乳化炸药的冲击波峰值压力和正相冲量达到最大值,分别为38.5 kPa和7.11 Pa·s,相比空白乳化炸药(样品A)分别提高了30.1%和32.9%。此外,相比直接加入16%硼粉的乳化炸药,加入硼粉型微囊的乳化炸药(样品B_6)除爆炸冲击波峰值压力几乎没有变化外,相应的正压作用时间和正相冲量都有了一定程度的提高。这是由于将硼粉型微囊加入乳化炸药中,相比单纯地将玻璃微球和硼粉加入炸药中,可以使硼粉和"热点"在炸药中分布更加均匀,并能够节省更多的装药空间,提高装药密度,由此改进炸药的爆轰性能。空中爆炸试验结果表明,加入不同含量硼粉的乳化炸药的爆炸冲击波压力变化情况与爆炸温度场的变化情况基本一致。

表 4-7　乳化炸药空中爆炸参数

乳化炸药样品	峰值压力/kPa	正压作用时间/μs	正相作用冲量/(Pa·s)
样品 A	29.6	403.8	5.35
样品 B_1	32.2	414.0	5.70
样品 B_2	33.2	417.2	6.03
样品 B_3	34.9	420.5	6.08
样品 B_4	38.5	425.2	7.11
样品 B_5	23.4	365.8	3.44
样品 B_6	38.3	463.6	7.65

4.4.5　爆热测量试验

为了研究硼粉含量对乳化炸药爆热的影响并验证比色测温试验结果,试验采用爆热弹对各组乳化炸药样品的爆热进行了测量,爆热装置如图 4-34 和图 4-35 所示。爆热试验步骤如下:首先将制备好的乳化炸药样品加入陶瓷坩埚中,并准备 16.5 L 蒸馏水作为测温介质,在加入测试系统前控制蒸馏水温度高于室温约 10 ℃,以减少测温系统温度稳定时间;之后在爆热弹中对起爆系统点火电极和雷管的总电阻进行测试,确保两者的总电阻小于 2 Ω;待起爆系统的总电阻符合试验要求后,将乳化炸药样品固定在爆热弹中并密封爆热弹,然后对爆热弹进行抽真空处理,直至真空度达到−0.094 MPa,接着将爆热弹和蒸馏水置于控温系统中,并打开搅拌器和控温系统,最后待内桶温度稳定后引爆乳化炸药样品,此时根据爆热弹系统的热容值及温升值可以最终得到试验样品的定容爆热值。试验中,每组样品测试三次,并保持三次试验的测量偏差在 3% 以下。

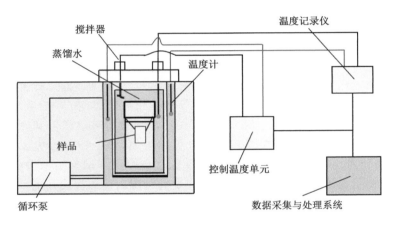

图 4-34　绝热式爆热测试系统原理图

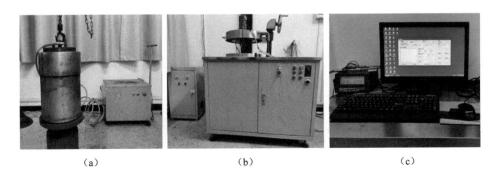

（a）　　　　　　　　　　（b）　　　　　　　　　　（c）

图 4-35　绝热式爆热测试系统实物图

4.4.6　含硼乳化炸药爆热测试

由表 4-8 可知,乳化炸药的爆热随含能添加剂硼粉含量的增加整体呈先增大后减小的趋势。当乳化炸药中硼粉的含量在 0~16% 之间时,炸药的爆热会随着硼粉含量的提高而逐渐增大,并在硼粉的含量为 16% 时,炸药的爆热达到最大值 6 335 kJ/kg,与空白乳化炸药(样品 A)相比提高了 42.1%。然而,当硼粉的含量超过 16% 时,随着硼粉质量分数的增加,炸药的爆热反而会开始降低。产生该现象的原因可归结为:硼粉作为高能燃料,向炸药中添加少量的硼粉可以改善炸药的氧平衡,并增加乳化炸药的爆炸能量,从而提高乳化炸药的爆热。然而,由于硼粉燃烧耗氧量较高,随着硼粉含量的不断增加,炸药中的硼粉会出现燃烧不充分、燃烧效率降低的现象,导致炸药的爆热下降;同时,硼粉含量的不断增加意味着炸药中的乳化基质含量在逐渐降低,当增加的硼粉对炸药能量的提升作用小于减少的基质对爆炸能量的削弱作用时,炸药的爆热就会逐渐下降。此外,加入硼粉型微囊的乳化炸药(样品 B_6)的爆热高达 6 694 kJ/kg,相比直接加入 16% 硼粉的乳化炸药(样品 B_4)提高了 5.7%。产生该现象的原因是:将硼粉型微囊加入乳化炸药中,相比单纯地将玻璃微球和硼粉加入炸药中,可以使硼粉和"热点"在炸药中分布得更加均匀,并能够节省更多的装药空间,提高装药密度,从而改进炸药的爆轰性能。此外,硼粉在燃烧过程中存在点火性能较差和燃烧效率较低的问题,利用 PMMA 等材料作为黏合剂包覆硼粉可提高硼粉的点火性能及其在炸药中的分散性,提高硼粉的燃烧效率,从而进一步提高乳化炸药的爆热。

表 4-8　乳化炸药样品的试验爆热

乳化炸药样品	样品 A	样品 B_1	样品 B_2	样品 B_3	样品 B_4	样品 B_5	样品 B_6
爆热/(kJ/kg)	4 458	4 872	5 049	5 917	6 335	4 308	6 694

为了验证比色测温试验结果,本节根据试验得到了爆热,利用公式计算了乳化炸药的理论爆炸温度,并与比色测温试验得到的炸药最大平均爆炸温度进行对比。其中,加入不同含量硼粉的乳化炸药的理论和试验爆温见表 4-9。

$$T_B = \frac{-A + \sqrt{A^2 + 4BQ_v}}{2B} + 298(K) \tag{4-9}$$

式中,T_B 表示炸药的爆炸温度,K;Q_v 表示炸药的定容爆热,kJ/kg;A、B 分别表示爆炸产物热容与温度的关系式中常数项代数和、一次项系数代数和。

表 4-9　乳化炸药样品的爆炸温度参数

乳化炸药样品	理论爆温/K	最大平均爆温/K	温度偏差/K
样品 A	3 004	2 063	941
样品 B$_1$	3 058	2 396	662
样品 B$_2$	3 066	2 433	633
样品 B$_3$	3 228	2 455	773
样品 B$_4$	3 384	2 521	863
样品 B$_5$	2 396	2 430	34
样品 B$_6$	3 533	2 648	885

通过式(4-9)计算可知,炸药的理论爆温与爆热呈正相关关系,因此计算出的乳化炸药的理论爆温规律与试验得到的爆热规律一致。为了对比色测温试验结果进行验证,将其与比色测温试验得到的添加不同含量硼粉的乳化炸药的爆炸温度进行对比分析,结果见表 4-9。由表 4-9 可知,试验测量和理论计算得出的乳化炸药爆炸温度随硼粉含量的变化规律一致,但除加入 20% 硼粉的乳化炸药(样品 B$_5$)的试验爆温和理论爆炸几乎相同外,其他组乳化炸药样品的试验爆温与理论爆温的差值均在 600 K 以上。此外,已有研究表明空白乳化炸药的爆轰温度在 2 070 K 左右,与比色测温试验结果一致,进一步验证了比色测温试验结果的可靠性与准确性,同时表明通过理论公式计算的炸药爆热准确性相对不高,与实际测试值有一定差距。

4.5　添加硼粉型缓释微囊的乳化炸药安全性能研究

4.5.1　引言

乳化炸药作为一类含水炸药,水的加入虽然可以提高炸药的安全性,但也会导致炸药中可燃组分比例的下降,限制乳化炸药的能量输出。为了解决乳化炸药爆炸能量低的问题,研究人员通常选择向乳化炸药中加入高燃烧热值的金属粉末来改善炸药的爆轰性能。硼粉作为常用的高能燃料,因具有非常高的燃烧热值而被广泛应用于烟火延迟、固体推进剂和炸药等领域。如 Chen 等(2018)对比研究了 TNT 和两种铝化炸药的冲击波超压以及产生爆炸火球的表面温度与尺寸,结果发现与加入硼粉的铝化炸药相比,TNT 和未加入硼粉的铝化炸药具有更高的冲击波超压,其产生的爆炸火球的表面温度和持续时间也更高。

Koch 等(2012)研究了多组硼基高能炸药的爆速、爆压等爆轰参数,结果发现硼基化合物的爆轰性能要优于相应的所有碳基化合物。Wu 等(2018)通过将硼原子引入 FOX-7 中合成了一种新型炸药 DANB,合成的 DANB 相比 FOX-7 具有更高的晶型密度、爆轰性能和稳定性。Xu 等(2016a)研究了铝粉和硼粉的燃烧热以及铝粉和硼粉在金属化炸药水下爆炸中的应用,结果表明当硼含量为 10% 时,金属化炸药的总有效能高达 6.821 MJ/kg,它比 RDX/Al/AP 合成物的总能量高 3.4%,是 TNT 当量的 2.1 倍。

从安全角度来看,加入高能添加剂或者某些外界因素的作用,会导致炸药感度增加、稳定性降低甚至发生爆炸。近年来,因炸药稳定性差引发的爆炸事故屡见不鲜,给国家的经济发展和人民的生命财产安全造成了巨大的影响,因此炸药的安全性问题一直是研究重点。Okada 等(2014)采用 SC-DSC 方法和 1.5 L 压力容器试验研究了不同含水率的乳化炸药前驱体——硝酸铵乳状液的热稳定性,结果发现硝酸铵乳状液的热危害性随着含水量的增加而降低,在储存和运输过程中应尽量避免水分的蒸发。Xu 等(2016b)以一起乳化炸药意外自燃事故及其事故调查报告为研究背景,测试了硝酸铵和乳化炸药的热稳定性,研究发现亚硝酸钠结晶会显著降低硝酸铵和乳化炸药的起始分解温度。Teselkin 等(2010)研究了加入硼粉、碳硼烷和纳米铝等添加剂的 HMX 的冲击起爆特性,研究显示高能添加剂(硼、碳硼烷、纳米铝等)会增加 HMX 的感度,引发 HMX 混合物爆炸。Wang 等(2008,2016,2021)通过 TG 和 DSC 方法研究了含铁和锰金属离子的乳化炸药的热分解反应非等温动力学特性,结果表明大量的金属离子会严重降低乳化炸药的热稳定性。Xu 等(2015)研究了乳化炸药在黄铁矿存在下的热稳定性以及热分解机理,研究表明乳化炸药和黄铁矿的反应本质上是硝酸铵和二硫化铁的反应,二硫化铁的存在加速了乳化炸药的热分解反应,降低了乳化炸药的热稳定性。

因此,为了改善含能添加剂与炸药的相容性,同时提高炸药的安全性能,国内外学者开发了多种包覆含能材料的方法,常用的包覆方法有溶胶-凝胶包覆、结晶包覆、喷雾干燥包覆、原位聚合包覆等。然而,一些传统的包覆处理方法一般在提高含能添加剂的稳定性和乳化炸药的相容性的同时也存在着诸多问题,如包覆均匀性差和包覆膜强度低等。而微囊技术可将液体、固体颗粒、气体封装在聚合物壳体内,具有调节控制释放速率、挥发和溶解时间,将功能材料与环境隔离的作用。为了获得更好的包覆效果,我们前期研究设计了一种采用改进的悬浮聚合法合成的多核含能中空微囊,该聚合物微囊外壳强度高、性质稳定,具有良好的生物相容性。含能中空微囊可起到乳化炸药含能添加剂和敏化剂的双重作用,为高能钝感乳化炸药的制备提供了一种全新的方法。

为了研究微囊包覆技术对乳化炸药安全性能的影响,本节利用激光粒度分析仪分别测量了四组乳化炸药样品中添加材料(玻璃微球、硼粉、石蜡包覆的硼粉以及微囊包覆的硼粉)的粒度分布情况;通过扫描电子显微镜观察乳化炸药样品及其添加剂的形貌和结构,从而判断微囊包覆技术对含硼乳化炸药结构稳定性的影响;通过同步热分析仪对乳化炸药样品进行非等温试验,研究微囊包覆技术对含硼乳化炸药热稳定性的影响;通过加速量热仪对含硼乳化炸药在绝热条件下的分解动力学参数数据进行研究,从而评估不同含硼乳化炸药样品热失控反应的危险性程度。

4.5.2　乳化炸药样品的制备

试验研究了四组加入不同添加剂的乳化炸药样品,其添加剂的粒径分布和微观形貌如图 4-36 所示。样品 A 为空白乳化炸药样品,样品 B 为加入硼粉的乳化炸药样品,样品 C 为加入石蜡包覆硼粉的乳化炸药样品,样品 D 为加入 PMMA 包覆硼粉的乳化炸药样品。样品 C 中的高能添加剂由质量比为 8∶92 的石蜡与硼粉通过溶胶-凝胶包覆法制备,样品 D 中的含能微囊由质量比为 1∶1 的 MMA 与硼粉采用改进的悬浮聚合法制备。与样品 B 和 C 中硼粉和敏化剂单独添加不同,样品 D 中硼粉型微囊兼具含能添加剂和敏化剂双重特性(配方见表 4-10),在研究过程中上述各组硼粉和乳化基质的质量分数均一致。

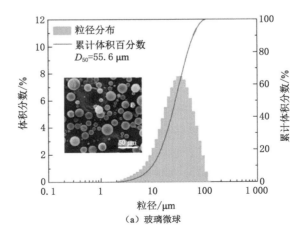

(a)玻璃微球

图 4-36　粒径分布和微观结构图

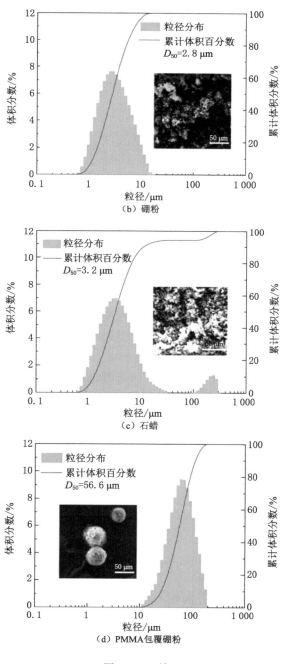

（b）硼粉

（c）石蜡

（d）PMMA包覆硼粉

图 4-36 （续）

表 4-10　四组乳化炸药样品的配方

乳化炸药样品	质量分数/%				
	乳化基质	玻璃微球	硼粉	石蜡/硼粉	PMMA/硼粉
样品 A	92	8	0	0	0
样品 B	92	4	4	0	0
样品 C	92	4	0	4	0
样品 D	92	0	0	0	8

4.5.3　含硼乳化炸药的储存试验

图 4-37 所示为加入玻璃微球、硼粉、石蜡/硼粉以及 PMMA/硼粉的乳化基质在储存不同时间后的微观形貌结构。本节以只加入玻璃微球的乳化基质作为参照组,分析比较了各组乳化基质的破乳情况。通过比较发现,如图 4-37(b)所示,加入硼粉的乳化基质出现了较为明显的破乳析晶现象。产生该现象的原因可以归结为:① 乳化基质是通过乳化剂将油相和水相结合形成油包水乳化液体系,油水相界面膜是乳化基质的薄弱部分,由于硼粉的形状不规则且可能伴有尖锐的棱角,会破坏油水相界面膜,导致乳化基质破乳;② 硼粉与乳化基质中的油相材料发生了化学反应,破坏了乳化基质的油包水结构;③ 硼粉与乳化基质中的乳化剂发生了化学反应,使乳化基质破乳析晶。加入石蜡/硼粉的乳化基质(样品 C)只出现了少量的破乳析晶现象,这是因为包覆膜的存在可以在一定程度上防止乳化炸药破乳,但硼粉表面的石蜡包覆膜强度低,在包覆后的硼粉与乳化基质搅拌混合的过程中,包覆膜很容易在外力的作用下被破坏,导致包覆失效,从而致使少量乳化基质出现破乳析晶的现象。而加入 PMMA/硼粉的乳化基质没有出现破乳析晶现象,与只加入玻璃微球的乳化基质(样品 A)的微观形貌结构基本一致。这是由于制备的含能微囊将硼粉封装于 PMMA 外壳内,PMMA 外壳具有强度高、性质稳定和良好的生物相容性等优点,有效地避免了硼粉和乳化基质之间的接触。微球表面光滑会防止微囊内硼粉的尖利棱角破坏乳化基质的界面膜。从图 4-37 中可以看到,只加入玻璃微球的乳化基质在储存不同的时间后,其微观形貌结构基本上无明显变化。然而,加入硼粉、PMMA/硼粉的乳化基质随着储存时间的增加,破乳析晶现象加剧。加入硼粉的乳化基质的破乳析晶现象最严重。这是由于硼粉与乳化基质接触破坏了乳化基质的界面膜,从而导致乳化基质破乳析晶,而结晶的硝酸铵会刺破周边乳状液滴的界面膜,又加速了乳化基质的破乳。由于 PMMA 微囊有效地包覆硼粉,加入 PMMA/硼粉的乳化基质(样品 D)在储存不同的时间后,其微观形貌结构无明显变化。

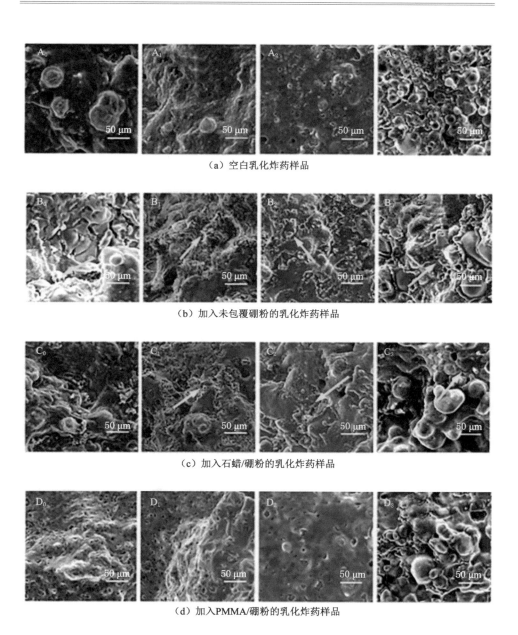

（a）空白乳化炸药样品

（b）加入未包覆硼粉的乳化炸药样品

（c）加入石蜡/硼粉的乳化炸药样品

（d）加入PMMA/硼粉的乳化炸药样品

图 4-37　加入不同添加剂的乳化炸药在储存不同时间后的扫描电镜图

4.5.4 含硼乳化炸药的热稳定性试验

4.5.4.1 试验系统及方法

为研究加入添加剂的乳化炸药样品的热分解特性,通过同步热分析仪对乳化炸药样品进行非等温试验。在试验中,每组样品质量均控制在 10 mg 左右,测试时将称量好的样品放置于氧化铝坩埚中加热升温,同时以一定流量的氮气作为吹扫气。每组乳化炸药样品分别以 5 K/min、10 K/min、20 K/min 和 30 K/min 的升温速率从 30 ℃ 加热到 400 ℃ 来测量出其相应的 TG-DSC 曲线。乳化基质的热分解反应过程是非常复杂的,因此本节采用等效转换法计算了不同升温速率下乳化基质的活化能,利用 Ozawa 方法测定分别加入玻璃微球、硼粉、石蜡/硼粉以及 PMMA/硼粉含能微囊的四组乳化炸药样品的热分解活化能。该模型采用了样品升温速率、活化能与温度成反比的关系,方程如下:

$$\lg \beta = \lg \frac{AE}{RG(\alpha)} - 2.315 - 0.456\ 7\ \frac{E}{RT} \tag{4-10}$$

式中,β 是升温速率;A 是指前因子;E 是活化能;R 通用气体常数;$G(\alpha)$ 是机理函数。斜率 $\lg \beta$ 与 $1/T$ 是用来获取每个转换步骤的活化能。

4.5.4.2 含硼乳化炸药的热分解特性分析

试验采用 TG-DSC 研究了加入玻璃微球、硼粉、石蜡/硼粉以及 PMMA/硼粉含能微囊的四组乳化炸药样品的热分解特性,试验结果如图 4-38 所示。由图 4-38(a)可知,试验中的四组乳化炸药样品的热流曲线在 50～150 ℃ 区间均有三个不明显的吸热峰,同时可以在热重曲线对应的温度区间内发现样品质量减少了约 7.2 %,与乳化炸药样品中水的质量分数 7.36 % 基本一致。由 DSC 曲线可知,在 260～280 ℃ 温度区间内出现一个明显的放热峰,并且在此温度区间内样品质量减少了约 73.3%,因此结合乳化基质的配方以及硝酸铵分解温度可以推断出,该放热峰主要是由硝酸铵的分解产生的。其中,加入 PMMA/硼粉的乳化炸药样品的失重比另外三组大约高 4%,这是由于相应的包覆材料 PMMA 在该温度范围内会完全分解。

由图 4-38(a)可知,四组乳化炸药样品热分解反应的初始分解温度分别为 256 ℃、229 ℃、245 ℃、256 ℃,放热峰值温度分别为 269 ℃、262 ℃、266 ℃、272 ℃。加入硼粉的乳化炸药样品(样品 B)相比只加入玻璃微球的乳化炸药样品(样品 A)的初始分解温度降低了 27 ℃,放热峰值温度降低了 7 ℃。该现象表明,硼粉作为高能金属粉末,由于具有较高的化学反应活性,在一定程度上催化加速了乳化炸药热分解反应的反应进程,降低了乳化炸药的热稳定性。加入石蜡/硼粉的乳化炸药样品的初始分解温度和放热峰值温度相比加入硼粉的乳化

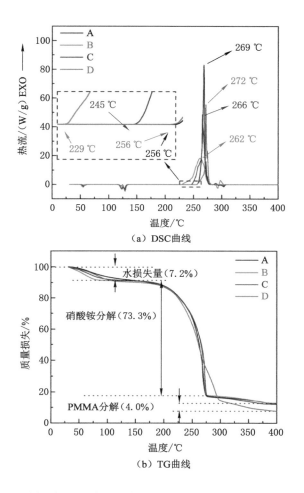

图 4-38　加入不同添加剂的乳化炸药在升温速率为 5 K/min 时的 TG-DSC 曲线

炸药样品分别提高了 16 ℃ 和 4 ℃,但还是比只加入玻璃微球的乳化炸药样品低。该数据结果表明,通过石蜡包覆硼粉的手段尽管在一定程度上可以改善含硼乳化炸药的热稳定性,但不能有效地消除硼粉对乳化炸药热稳定性的影响。产生该现象的原因可以归结为:通过石蜡包覆方式可以在硼粉表面形成一层致密的薄膜,提高硼粉和乳化基质之间的相容性,同时在热分解反应初期可以防止硼粉催化加速乳化基质的分解,从而提高乳化炸药的热稳定性。然而,包覆石蜡的硼粉与乳化基质的混合搅拌过程会使得部分硼粉的包覆失效,使硼粉裸露出来,与乳化基质接触反应,催化加速乳化炸药的热分解反应,导致乳化炸药的热稳定性降低。从图 4-38(a)可以发现,加入 PMMA/硼粉的乳化炸药样品(样品 D)的热分解反应的初始分解温度和峰值温度相对较高,这主要是因为 PMMA 会在乳化基质开始分解之前先分解吸热,PMMA 的分解作用及其与乳化基质良好的相容性减缓了含硼乳化炸药样品的分解过程,从而提高了乳化炸药的热稳定性。为了进一步探究各组乳化炸药样品的热稳定性,下面将对各组乳化炸药展开非等温动力学研究并计算相应的热分解反应活化能值。

4.5.4.3 含硼乳化炸药的热分解非等温动力学特性研究

多年来,人们对硝酸铵的热分解进行了广泛的研究。显然,没有一种机制可以解释其热分解特性的所有层面。一般认为,硝酸铵热分解是由吸热型质子转移反应引发的,且这种转移反应在低温下的速度是非常缓慢的。反应式如下:

$$NH_4NO_3 \longrightarrow NH_3 + HNO_3 \tag{4-11}$$

基于动力学基本方程原理,对上述反应用等温法进行动力学研究时,其动力学方程为:

$$\frac{d\alpha}{dt} = k f(\alpha) \tag{4-12}$$

$$G(\alpha) = kt \tag{4-13}$$

式中,k 为反应速率常数;α 为 t 时刻物质反应的百分数;t 表示时间;$f(\alpha)$、$G(\alpha)$ 为反应机理函数。

在恒定温度下,反应速率常数 k 可用阿伦尼乌斯方程表示:

$$k = A \exp\left(-\frac{E}{RT}\right) \tag{4-14}$$

在仪器升温条件下,可以得到下式:

$$T = T_0 + \beta t \tag{4-15}$$

式中,T_0 为初始分解温度;β 为升温速率。

联立方程式(4-13)～式(4-15)可得:

$$\frac{d\alpha}{dT} = \frac{A}{\beta} f(\alpha) \exp\left(-\frac{E}{RT}\right) \tag{4-16}$$

其中,取 $x = E/RT$,近似式为:

$$P(x) = 0.004\,84 \exp(-1.051\,6x) \tag{4-17}$$

对式(4-16)积分,结合数值方法可以得到方程式(4-17)。采用 Ozawa 方法对试验数据进行处理,分别计算加入玻璃微球、硼粉、石蜡/硼粉以及 PMMA/硼粉含能微囊的四组乳化炸药样品在不同反应深度下的热分解活化能。为了方便研究各组乳化炸药样品的热稳定性,将它们各自的活化能与反应深度曲线放在同一幅图中进行对比,如图 4-39 所示。

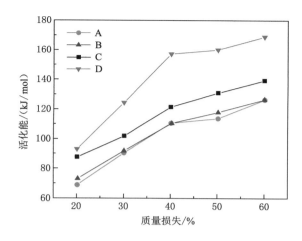

图 4-39　引入不同添加剂的乳化基质热分解活化能曲线

由图 4-38(a)和图 4-39 可知,由于样品 A 和 D 相比样品 B 和 C 在热分解过程中具有更高的初始分解温度,其对应的活化能相比样品 B 和 C 也更高。因此可以得到,加入 PMMA/硼粉的乳化炸药样品(样品 D)的热稳定性最好,其次为加入玻璃微球(样品 A)和石蜡/硼粉的乳化炸药样品(样品 C),加入硼粉的乳化炸药样品(样品 B)的热稳定性最差。产生该现象的原因是:PMMA 外壳与乳化基质之间具有很好的生物相容性,且相对于石蜡的强度高、分解温度高、分解时间长,致使 PMMA 外壳在分解之前的较长一段时间内都可以有效避免硼粉催化加速乳化基质的热分解反应。同时,与玻璃微球相比,PMMA 外壳的分解温度为 260 ℃,其在乳化炸药分解之前会提前分解吸热,推迟乳化炸药的热分解反应并提高其热稳定性。

4.5.5　含硼乳化炸药的热安全性试验

4.5.5.1　试验系统及方法

ARC(绝热加速量热仪)最初是由美国化学研究所开发的,可以为评估紧急情况下的紧急救援系统提供绝热数据。Heat-Wait-Search(H-W-S)模式被选为标准操作程序。它采用了一个低热容的测试单元,可以保证产生的反应热都保留在测试样品中并且安全地进行热失控反应,是一种应用非常广泛的绝热量热计,如图 4-40 所示。因此,我们采用 ARC 研究了各组乳化炸药样品在绝热条件下的热分解行为。通过对绝热试验得到的压力温度(p/T)关系、自热速率 dT/dt 和压力上升速率 dp/dt 等数据进行分析,从而对各组乳化炸药样品的热失控反应危险性程度进行评估,确定其相应的热危险性。绝热试验的试验条件参数见表 4-11。

图 4-40　绝热加速量热仪实物图

表 4-11　乳化炸药样品绝热试验参数

试验参数	数值	试验参数	数值
样品质量/g	0.40	结束温度/℃	400
样品池类型	HC-MBQ	温度台阶/℃	5
样品池质量/g	15.60	灵敏度/(℃/min)	0.02
起始温度/℃	200	等待时间/min	15

4.5.5.2　含硼乳化炸药的热安全性分析

乳化炸药作为自催化物质的一种,在绝热状态下存在着很高的热爆炸危险性,而绝热量热法作为在封闭环境中研究物质的热失控反应的最佳方法之一,尽管热失控反应通常伴随着高温、高压、高热值和高压升速率,但利用绝热式热量计如 ARC 可以使热失控阶段的反应安全进行。借助 ARC 初步研究了加入不同添加材料的四组炸药样品在绝热条件下的热分解过程,其中,热失控反应的峰值温度、峰值压力、自热速率、压力上升速率是量化热失控反应风险的重要参数。如图 4-41 所示,添加硼粉和石蜡包覆硼粉的乳化炸药样品在试验过程中发生了明显的热失控反应,而空白的和加入 PMMA 微囊包覆硼粉的乳化炸药样品仅仅出现了微弱的自热分解。在 H-W-S 阶段,加入硼粉和石蜡包覆硼粉的两组乳化炸药样品从自热分解反应开始到最大反应速率分别只经历了 181.0 min 和 126.0 min(即它们的 TMRad 分别为 181.0 min 和 126.0 min)。其中,加入硼粉的乳化炸药样品(样品 B)的热失控反应的峰值温度和压力、温升速率和压升速率分别为 377.93 ℃、68.36 bar、3 733.7 ℃/min 和 1 141.2 bar/min。加入石蜡包覆硼粉的乳化炸药样品(样品 C)的对应参数分别为 354.50 ℃、70.14 bar、4 448.7 ℃/min 和 4 421.5 bar/min。极高的温升速率和压升速率表明加入硼粉和石蜡包覆硼粉的乳化炸药样品(样品 B 和 C)在一定时间内释放的能量是极其巨大的,如果在受限空间中加入硼粉和石蜡包覆硼粉的乳化炸药的分解不能得到控制,可能会引发爆炸事故。由此可见,通过传统的方式向乳化炸药中引入硼粉,乳化炸药的热爆炸危险性显著提高。

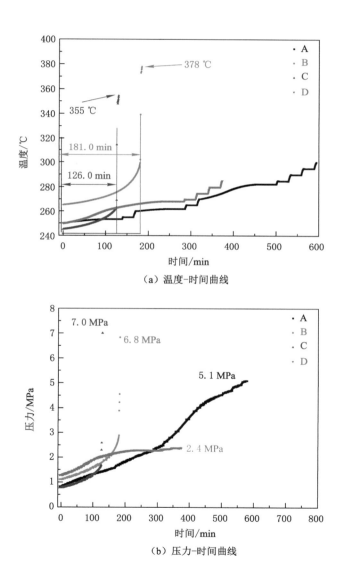

(a) 温度-时间曲线

(b) 压力-时间曲线

图 4-41   加入不同添加剂的乳化炸药的绝热试验曲线

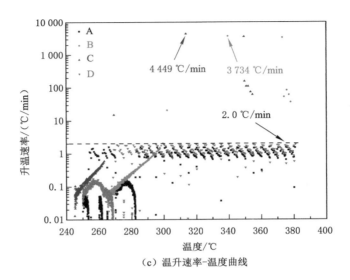

（c）温升速率-温度曲线

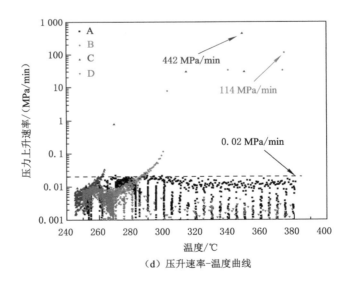

（d）压升速率-温度曲线

图 4-41 （续）

由图 4-41 可知,试验中加入石蜡包覆硼粉的乳化炸药样品(样品 C)除了热失控反应的峰值温度和 TMRad 以外,其热失控反应的峰值压力、最大温升速率和压升速率均高于直接加入硼粉的乳化炸药样品(样品 B)。结果表明,在绝热封闭环境中,加入石蜡包覆硼粉的乳化炸药样品(样品 C)相比直接引入硼粉的乳化炸药(样品 B)具有更高的热爆炸危险性,即采用石蜡包覆硼粉不仅不能起到提高硼粉与乳化炸药相容性的作用,反而加剧了含硼乳化炸药的热失控反应,提高了含硼乳化炸药的热爆炸危险性。值得注意的是,采用 PMMA 微囊包覆处理硼粉后,加入 PMMA/硼粉的乳化炸药样品(样品 D)在绝热封闭的试验条件下没有出现热失控反应,且自热分解反应的峰值温度和峰值压力比空白乳化炸药样品(样品 A)低,如图 4-41(a)和(b)所示。同时,空白的和加入 PMMA/硼粉的乳化炸药样品(样品 D)相应的温升速率和压升速率也一直保持在较低的水平浮动,其中温升速率低于 2 ℃/min,压升速率低于 0.2 bar/min。由 ARC 试验结果可知,硼粉的加入会显著提高乳化炸药的热爆炸危险性,采用石蜡包覆处理硼粉这种传统的包覆手段不但无法降低反而提高了含硼乳化炸药在绝热封闭条件下的热爆炸危险性,而采用 PMMA 微囊对硼粉进行包覆处理则有效地提高了含硼乳化炸药的热安全性。

4.6　研究结论与创新点

4.6.1　研究结论

本章围绕传统乳化炸药存在的"高能敏感"问题展开相关研究,以微囊包覆技术为出发点,利用改进的悬浮聚合法制备了缓释中空微囊,实现了乳化炸药高能且钝感的目标。基于课题组前期的研究基础,本章研究了聚合方式、膨胀剂种类和含量、发泡方式对含能中空微囊膨胀性能的影响,并对微囊粒度、微观形貌和膨胀性能进行了测试,测试了添加硼粉型微囊的乳化炸药的爆炸温度、爆炸冲击波参数、爆热和热安全性,研究了硼粉和微囊包覆技术对乳化炸药爆炸性能和安全性能的影响。通过对前期工作的总结,主要得出以下结论:

① 基于悬浮聚合原理分别采用固体膨胀剂法和液体膨胀剂法制备了一种含能中空微囊,扫描电镜和激光粒度分析结果表明采用固体膨胀剂法和液体膨胀剂法合成的含能微囊均具有较好的表面形貌和中空结构,其平均粒径分别为 107.0 μm 和 58.5 μm。通过研究聚合方式、膨胀剂种类和含量、发泡方式对含能中空微囊膨胀性能的影响,优化了微囊的制备工艺,为制备性能优异的乳化炸药用含能中空微囊提供了理论基础。

② 利用二色比温技术测量了加入硼粉和硼粉型微囊的乳化炸药爆炸温度场,同时对其爆炸冲击波参数、爆热和理论爆温进行研究,探究了微囊技术对含硼乳化炸药爆炸性能的影响。二色比温试验、空中爆炸试验和爆热试验结果均表明硼粉的加入会提高乳化炸药的爆炸温度、爆炸冲击波参数和爆热,且当硼粉的含量在 0~20% 时,含硼乳化炸药的爆炸平均温度、爆压、正向冲量和爆热会随着硼粉含量的增加分别呈先上升后下降的趋势,并在硼粉含量为 16% 时达到最大值 2 521 K、38.5 kPa、7.11 Pa·s、6 335 kJ/kg,相比空白乳化炸药(样品 A)分别提高了 22.2%、30.1%、32.9% 和 42.1%。此外,添加硼粉型微囊的乳化炸药相比直接加入硼粉的乳化炸药具有更高的爆炸温度、爆炸冲击波参数和爆热,说明微囊技术对高能乳化炸药的爆炸性能有显著的改善作用。

③ 引入微囊包覆技术对高能添加剂硼粉进行了包覆,包覆后的硼粉具有较好的球形形貌。储存试验结果表明,加入微囊包覆硼粉的乳化炸药(样品 D)在储存 5 个月后并未出现破乳现象,形貌结构良好。TG-DSC 试验表明,加入微囊包覆硼粉的乳化炸药(样品 D)的热稳定性最佳,空白乳化炸药(样品 A)和加入石蜡包覆硼粉的乳化炸药(样品 C)次之,而只加入未包覆硼粉的乳化炸药(样品 B)的热稳定性最差。ARC 试验表明,加入未包覆硼粉和采用石蜡包覆硼粉的乳化炸药(样品 B 和 C)在绝热封闭环境下发生了快速的热失控反应并伴随着高温高压,而添加硼粉型微囊的乳化炸药(样品 D)在试验过程中只产生缓慢的自热分解,热安全性好。微囊包覆技术可以改善含能添加剂与乳化炸药的相容性,显著提高含硼乳化炸药的安全性和热稳定性。

4.6.2　创新点

① 制备出性能优异的缓释中空微囊,利用其内部空腔容纳高能物质的方法将含能添加剂和敏化剂合二为一,具有提高炸药安全性和输出能量的双重功能,为乳化炸药的爆轰能量调控提供新思路。

② 借助二色比温技术和 Python 代码实现了对乳化炸药爆炸温度场的高速二维测量,为乳化炸药的配方设计提供了理论基础。

③ 试验制备的缓释中空微囊兼具高能添加剂和物理敏化剂的双重特性,并能够改善高能添加剂和乳化炸药之间的相容性,提高高能乳化炸药的安全性。因此,基于微囊技术的乳化炸药具有优良的爆炸性能和安全性能,实现了乳化炸药高能钝感的目标,可以拓宽乳化炸药的应用领域。

第 5 章　含能微囊的设计及爆轰性能研究

5.1　研究背景

　　乳化基质自身不具备雷管感度,需将敏化剂作为密度调节剂加入乳化基质中引入"热点"。然而,乳化炸药具备起爆感度的同时也降低了其密度,降低了乳化炸药的爆炸威力。而且,乳化炸药含有 10％左右的水,导致其可燃组分比例偏低,限制了乳化炸药的能量输出。高能乳化炸药因其爆炸威力大、爆破效果好等诸多优点,得到越来越多研究人员的关注。研发爆炸威力大、安全性能好的高能乳化炸药,满足更多的工程应用并取得更好的经济效果,具有十分重要意义。为了解决乳化炸药爆炸威力低的问题,提高乳化炸药的做功能力和爆破效果,国内外学者将高能炸药(如 RDX)、金属粉末(如铝粉)和储氢合金(如 MgH_2)等含能添加剂作为燃料加入乳化基质中,但含能添加剂在提高乳化炸药的做功能力的同时也降低了其安全性。另外,微纳米状态下的含能添加剂是固体颗粒,不具备敏化特性,因此,加入含能材料后的乳化炸药依然需要进行微球或者化学敏化以获得起爆感度。

　　安全性的高低是高能乳化炸药能否大规模商业化生产和使用的一项关键性指标。乳化炸药在加入敏化剂之前不具有雷管感度,是公认的安全钝感炸药。但近年来乳化炸药安全性问题引发的爆炸事故频发,给人民的生命和财产造成了重大损失。高能乳化炸药存在的主要问题是高能添加剂和乳化炸药的相容性问题,制备高能乳化炸药的传统方法是将含能添加剂以一定比例与乳化基质直接混合,高活性的含能添加剂提高了乳化炸药的感度、降低了乳化炸药的储存稳定性。传统提高含能添加剂自身的稳定性和与炸药的相容性的方法是使用石蜡、硬脂酸等钝感的材料对含能添加剂进行表面包覆。然而,包覆后的含能添加剂随敏化剂加入乳化基质中,在敏化过程中含能添加剂的包覆膜与敏化剂和乳化基质之间发生摩擦和碰撞,包覆膜由于自身强度不够而遭到破坏,包覆膜失效,从而影响乳化炸药的安全性和储存稳定性。而且,含能添加剂和物理敏化剂的粒径大小接近,很难保证含能添加剂和物理敏化剂均匀地分布在乳化基质中,这些缺陷将严重影响乳化炸药的爆轰性能。

为了在提高乳化炸药爆炸威力的同时使乳化炸药的安全性符合要求,设计和制备了一种新型的含能中空微囊。通过微胶囊封装技术,含能添加剂和膨胀剂封装进入微囊的内部,使微囊具备热膨胀的能力,微囊膨胀后的内部形成了中空结构。将中空含能微囊加入乳化炸药中,含能微囊内的中空结构在冲击波压缩作用下可形成"热点",微囊内的含能添加剂参与爆轰反应,提高了乳化炸药的反应深度,从而提高乳化炸药的爆炸威力,所以含能中空微囊在乳化炸药中起到了敏化剂和含能添加剂的双重作用。研究表明,含能中空微囊可作为含能添加剂加入乳化炸药中,微囊内的中空结构可充当"热点",微囊内的含能添加剂提高了乳化炸药的爆炸威力,同时含能中空微囊减少了含能添加剂所占的体积,提高了乳化炸药的装药密度。利用聚合物包覆含能添加剂的方法来制备含能中空微囊,采用微胶囊化的方法提高含能添加剂自身的稳定性和乳化炸药的相容性、乳化炸药的热稳定性和储存稳定性,以期研制出做功能力更强、安全性更高、储存稳定性更好的乳化炸药。前期研究表明,含能中空微囊可以充当乳化炸药的敏化剂,微囊包覆膜与乳化基质有良好的相容性,聚合物包覆膜可以防止含能添加剂与乳化基质直接接触,防止乳化炸药破乳,含能中空微囊敏化的乳化炸药比直接加入含能添加剂的乳化炸药的热稳定性更好,该方法为高能乳化炸药的制备提供了一个全新的思路。

5.2　国内外研究现状

国内外学者主要是通过向乳化炸药中添加高能燃料的方式来制备高威力乳化炸药。研究人员对添加各种推进剂和二硝铵的高能乳化炸药进行了热力学计算,结果表明:含能添加剂显著改善了乳化炸药的性能,在近似理想的爆轰下,硝酸铵-水-推进剂-铝混合料的爆轰速度在 7 000 m/s 以上,爆轰压力约为 18 GPa。在硝酸铵-水-饱和烃-油酸混合物中,用推进剂代替玻璃微球,可使工业乳化炸药的爆炸威力提高 60% 以上。通过向乳化炸药中添加 30%～50% 的 RDX/TNT 混合物来研究高能添加剂对乳化炸药爆速和爆炸威力的影响,理论计算和试验结果表明,RDX/TNT 添加量与乳化炸药的爆速成正相关。利用过期弹药硝化纤维粉取代铝粉制备的高能乳化炸药可用于地表和井下岩石爆破,爆炸产生的气体不含有毒的氧化铝粉末,这种方式可作为一种既经济又环保的处理过期军用弹药的方法。通过向乳化炸药中掺入过期弹药,设计一套循环利用军用弹药方法,这种方法可以有效避免焚烧处理军用弹药产生的环境影响。研究加入不同类型高能材料(单基和双基粉体以及 TNT)的乳化炸药的性能表明,在不添加任何新化学物质的情况下最多可以直接加入 20%的高能材料,这表明乳化炸药与军用高能材料具有良好的化学相容性,但这些能量物质的加入使乳化炸药的爆轰速度和冲击感度略有提高。通过研究乳化炸药爆炸速度随乳化基质中铝含量的变化规律,并测定乳化基质中铝含量在 0~20%之间相应的密度和爆轰速度,发现在密闭和非密闭条件下乳化炸药的失火率均为 20%。研究铝粉质量分数以及颗粒度对乳化炸药爆速与做功能力的影响发现,铝含量为 5%时含铝乳化炸药的爆速最大。研究钛粉对乳化炸药爆轰性能和热分解特性的影响发现,乳化炸药中钛粉含量为 10%时乳化炸药的猛度和爆炸威力最大,而且与铝粉、硼粉相比,钛粉对乳化炸药的热稳定性影响作用最小。利用储氢玻璃微球敏化乳化炸药的试验结果表明,储氢玻璃微球在乳化炸药中起到敏化剂与含能材料的双重作用,储氢玻璃微囊敏化乳化炸药的做功能力与猛度得到显著提高。通过向乳化基质加入储氢合金 MgH_2 制备出储氢型乳化炸药,发现其具有优异的抗动压特性,且猛度可达到军用炸药猛度。

　　然而,过期弹药由于自身能量密度高,回收再利用的同时存在巨大的安全隐患,而且过期弹药的来源不稳定,除非有足够的高能材料,否则过期炸药的循环再利用在经济上没有吸引力,不适合大规模推广。通过优化乳化基质配方对乳化炸药性能提升作用有限。高能量密度和表面活性的金属在提高乳化炸药威力的同时也降低了乳化炸药的热安全性,如小粒度铝粉的加入使得乳化炸药基质对温度更加敏感,反应速率加快,热安全性降低。储氢合金和乳化基质间存在相容性问题,如储氢材料 MgH_2 在乳化基质中会水解产生氢气,氢气存在溢出风险,提高乳化炸药的火焰感度,影响乳化炸药的储存稳定性。

　　乳化炸药用敏化剂分为物理敏化剂和化学敏化剂,其作用是向乳化炸药中引入许多均匀分布的微小气泡,微气泡在冲击波压缩过程中形成"热点",加速乳化炸药的爆轰反应。国外基本采用空心玻璃微球作敏化剂,我国主要采用膨胀珍珠岩和化学发泡剂(如亚硝酸钠)作敏化剂。为了研究不同敏化剂对乳化炸药的性能影响,研究人员使用 PMMA 聚合物微囊作为敏化剂,通过调整加入乳化基质中聚合物微囊的量可制备出不同爆轰参数的乳化炸药。研究人员采用 NL有机微囊作为敏化剂,制备出适用高温敏化的乳化炸药,微囊用量只需要 0.4%,具有良好的经济效益。研究人员研究了树脂微囊对乳化炸药安全性的影响,结果表明树脂微囊敏化的乳化炸药机械感度低,具有良好的热安全性及化学安定性,树脂微囊提高了乳化炸药的本质安全性及产品的爆炸性能和储存稳定性。研究人员利用 MgH_2 水解产生的氢气泡作为敏化剂制备出了具有优异爆轰性能和抗压力减敏的乳化炸药。研究人员使用加载过氢气的玻璃微囊作为敏化剂,制备的乳化炸药的做功能力与猛度得到显著提高。然而,聚合物微囊加入乳化基质中只起到敏化剂的作用,对提高乳化炸药的爆炸威力没有帮助。储氢玻璃微球和 MgH_2 水解产生的氢气泡在乳化炸药中可以起到敏化剂和含能添加剂的双重作用,但是该方法容易因为发泡后效导致敏化气泡过大,当乳化炸药受外界压力作用时,敏化气泡变形严重,从而影响乳化炸药的爆轰性能,同时氢气存在溢出风险,降低乳化炸药的储存稳定性和安全性。

综上所述,传统提高含能添加剂自身的稳定性和乳化炸药相容性的方法存在诸多问题。微囊化可将液体、固体颗粒或气体封装在聚合物膜中,从而保护不稳定或者易受影响的功能材料。而且聚合物微囊膜强度高、性能稳定、生物相容性良好。中空结构的聚合物微囊可作为敏化剂加入乳化炸药中,聚合物微囊内部的中空结构在炸药受到冲击波压缩时形成"热点"引发乳化炸药的爆轰反应。基于此,课题组提出微囊封装法合成含能中空微囊,采用悬浮聚合热膨胀法制备聚合物包覆含能添加剂的中空含能微囊,含能中空微囊可作为乳化炸药复合含能敏化剂,制备高能钝感乳化炸药。

5.3 TiH_2 粉末对乳化炸药热稳定性的影响

TiH_2 作为一种新型含能添加剂,能够显著提高乳化炸药的爆炸威力,但是有关其对乳化炸药安全性影响的研究较少。为了研究 TiH_2 型储氢乳化炸药的热稳定性,制备了添加不同含量和粒径 TiH_2 粉末的乳化炸药,利用激光粒度分析仪测量了 TiH_2 和玻璃微球的粒径分布,并通过扫描电子显微镜对其微观形貌进行观察,最后通过 TG-DSC 对添加不同含量和粒径 TiH_2 的乳化炸药样品进行测试,并对其热力学参数进行计算。乳化炸药的组成主要包括硝酸铵、硝酸钠以及氯化钾等氧化剂,石蜡以及柴油等可燃物,还有乳化剂(Span-80、T-155及 T-152 等)和敏化剂(亚硝酸钠、玻璃微球、树脂微球等),其制备过程是通过乳化剂的作用,快速旋转剪切使水相和油相溶液乳化,形成油包水(W/O)型乳化体系,并添加敏化剂使其具备起爆感度。

5.3.1 试验材料

乳化炸药的水相材料主要包括硝酸铵、硝酸钠以及去离子水(表 5-1),其质量占乳化基质的 90% 以上,并且作为乳化炸药的分散相,是乳化炸药快速释放能量并对外进行机械做功的源泉。硝酸铵作为氧化剂的主要物质,占乳化基质的 70% 左右,是主要供氧物质且硝酸铵可填充在其他溶于水的氧化剂颗粒间隙之中,可以提高炸药密度,改善爆炸特性。在水相中添加硝酸钠,可以起到提高硝酸铵的溶解性且使乳化炸药的析晶点下降的作用,同时硝酸钠作为另一种氧化剂,可以增加炸药的氧含量,改善炸药氧平衡,其中钠元素也可提升乳化炸药的爆炸威力。水作为氧化剂的溶液,含量一般在 $6\%\sim18\%$,其不参与爆炸时的反应。但是水的含量对乳化炸药的爆轰特性影响较为复杂,其一方面溶解氧化剂,使氧化剂以分散相的形式与还原剂混合均匀,保证乳化炸药连续性,提高爆轰性能。另外,水的加入使得乳化炸药有了优良的抗水性,但水具有较大的比热容,在爆炸时,水蒸发会吸收大量热量,从而降低乳化炸药的做功能力。因此,应控制合适的含水量以保证乳化炸药具有较大的做功能力。

表 5-1 乳化基质水相原材料

名称	级别	生产企业
硝酸铵(NH_4NO_3)	工业级	淮南舜泰化工有限责任公司
硝酸钠($NaNO_3$)	分析纯	上海麦克林生化科技股份有限公司
去离子水	/	自制

还原剂和乳化剂共同构成乳化炸药的油相组分,即连续相,占乳化基质的 7% 左右,油相与水相混合构成乳化炸药的油包水结构,使得炸药拥有优良的抗水以及安全特性,并且油相作为可燃剂,在炸药爆炸时能生成传递能量的气体介质。油相材料种类众多,主要包括机油、柴油、蜡等从石油中提炼出来的物质。相比于机油与柴油,复合蜡现在是被广泛使用的一种油相材料,以石蜡、柴油以及凡士林等物质按照特殊比例进行配制。Span-80 作为油包水型乳化剂,常与复合蜡一起混合使用,可以起到乳化叠加的效果,从而使制备出的乳化炸药具有优良性能,见表 5-2。

表 5-2 乳化基质油相原材料

名称	级别	生产企业
司班 80(Span-80)	分析纯	上海麦克林生化科技股份有限公司
复合蜡	商业级	淮南舜泰化工有限责任公司

乳化基质需通过敏化剂敏化才具备起爆感度,常用的敏化剂主要分为物理敏化剂与化学敏化剂两大类,主要包括树脂微球、中空玻璃微球、膨胀珍珠岩以及亚硝酸钠等物质,其中中空玻璃微球因在起爆前不可压缩等特性使得乳化炸药可以稳定爆轰而被广泛使用。为解决乳化炸药做功能力低的问题,研究人员

常向其中加入高能添加剂等物质。通常使用的高能添加剂包括铝粉、镁粉、军用炸药以及金属氢化物。相对来说,金属氢化物因具有强反应活性和高热值等优点,在作为高能添加剂方面具有良好的应用前景。敏化剂与含能添加剂原材料见表 5-3 所示,本书所使用的金属氢化物为 TiH_2。TiH_2 是一种灰黑色粉末,作为高效储氢材料,其储氢量为 3.85%。TiH_2 属于 CaF_2 型的立方结构,具有良好的化学稳定性,一般不与空气或水发生反应,与单质炸药相容性非常好,作为含能添加剂有巨大的应用前景。

表 5-3　敏化剂与含能添加剂原材料

名称	级别	生产企业
中空玻璃微球(GMs)	商业级	美国 3M 公司
氢化钛(TiH_2)	商业级	赛默飞世尔科技公司

使用高速搅拌机将油相和水相混合制备出试验所需乳胶基质;利用扫描电子显微镜、激光粒度分析仪等设备,观察并表征试验用的玻璃微球和 TiH_2 粉末的粒径分布和微观形貌;通过同步热分析仪(TG/DSC)对 TiH_2 粉末以及 TiH_2 型储氢乳化炸药的热稳定性进行分析;利用隔板开展冲击起爆试验,研究 TiH_2 含量、粒径对 TiH_2 型储氢乳化炸药冲击下起爆性能的影响;使用压力传感器、示波器等试验设备,研究 TiH_2 含量、粒径对乳化炸药爆轰特性的影响规律,并利用高速相机研究其爆炸的后燃效应。试验所用仪器见表 5-4。

表 5-4　试验仪器

设备名称	型号	生产企业
电动搅拌机	ZQ4116-Ⅱ	中国杭州西湖台钻有限公司
电子天平	JT2003D	上海邦西仪器科技有限公司
同步热分析仪	TG/DSC	瑞士梅特勒托利多公司
扫描电子显微镜	VEGA3SB	捷克 TESCAN 仪器有限公司
高速相机	Memrecam HX-3	日本 NAC 公司
五段式爆速仪	BSW-3A	湘西自治州奇搏矿山仪器厂
激光粒度分析仪	MS2000	英国马尔文仪器有限公司
数字储存示波器	HDO403A	美国特励达力科科技有限公司
恒流源	YE585	美国 PCB 有限公司
压电式压力传感器	137B24B	美国 PCB 有限公司

如图 5-1 所示,使用 ZQ4116-Ⅱ电动搅拌机进行乳化基质的制备,转速范围为 20~2 400 r/min,每批次制备 1 000 g 基质。制备过程如下:首先,将硝酸铵、硝酸钠、去离子水混合,电加热板调至高挡使其快速升温,当加热板达到设定温度时,将混合溶液放在加热板上迅速加热到 110 ℃,以减少水分蒸发对基质性能造成的影响;其次,将复合蜡以及司班 80 均匀混合,在水浴锅中加热到 95 ℃形成油相;再次,将油相材料倒入搅拌罐中,开启搅拌机,转速设置为 1 200 r/min;最后,再将水相材料在 30 s 内慢慢加入油相材料中,搅拌 3 min 制得乳化基质。乳化基质配方见表 5-5。

图 5-1　剪切搅拌机

表 5-5　乳化基质的组成成分及占比

组成成分	NH_4NO_3	$NaNO_3$	$C_{18}H_{38}$	$C_{12}H_{26}$	$C_{24}H_{44}O_6$	H_2O
质量比	75%	10%	4%	1%	2%	8%

5.3.2　TiH_2 型储氢乳化炸药的制备

TiH_2 型储氢乳化炸药是将敏化剂玻璃微球和 TiH_2 粉末加入乳胶基质中混合均匀而制得的,玻璃微球在爆轰波的冲击作用下产生“热点”而引发乳化炸药发生爆炸,TiH_2 粉末作为高能添加剂提高乳化炸药做功能力。本书将 TiH_2 粉末筛分为四种不同粒径,在进行炸药制备前,首先利用马尔文激光粒度分析仪对中空玻璃微球和不同粒径的 TiH_2 粉末粒径分布进行测试,如图 5-2 所示。

中空玻璃微球和 TiH_2 的粒径分布情况如图 5-3 所示。中空玻璃微球的粒度分布范围宽,其粒径范围为 11.5~158.5 μm,中位径(D_{50})为 55.6 μm,堆积密度为

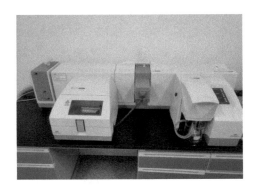

图 5-2　MS2000 激光粒度分析仪

3.91 g/cm^3。本书选择四种粒径的 TiH_2 粉末，TiH_2 中位径（D_{50}）分别为 7.6 μm、33.7 μm、50.1 μm 和 120 μm，7.6 μm 粒径分布较集中，粒径范围为 0.2～34.7 μm，而大粒径粒度分布比较宽。

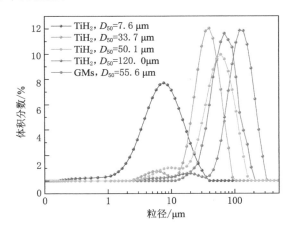

图 5-3　中空玻璃微球和氢化钛粉末的粒径分布图

　　在进行炸药制备前，首先利用扫描电镜对玻璃微球和不同粒径的 TiH_2 粉末进行微观形貌测试，如图 5-4 所示。首先将干燥处理后的样品均匀平铺在导电胶带上，之后将导电胶布放置在真空室，同时进行抽真空处理，等到完全真空后，在样品表面喷涂金粉，最后将待测样品放在观察室中，调节视窗寻找合适角度，观察颗粒的微观形貌。

　　中空玻璃微球和四种粒径的 TiH_2 颗粒微观形貌结构如图 5-5 所示，中空玻

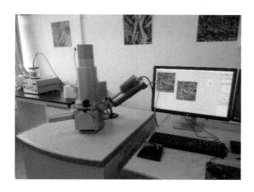

图 5-4　VEGA3 SB 扫描电镜实物图

璃微球为空心球壳结构,外观保持完好,没有破碎,且表面未附有杂质。TiH$_2$
扫描电镜图像显示,TiH$_2$ 颗粒呈不规则块状,颗粒外表面粗糙,有尖锐的棱角,
大颗粒粒度分布均匀,粒径为 7.6 μm 的颗粒粒度分布区间比较小。

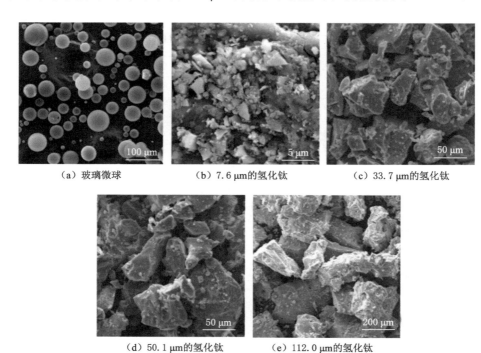

（a）玻璃微球　　　（b）7.6 μm的氢化钛　　　（c）33.7 μm的氢化钛

（d）50.1 μm的氢化钛　　　（e）112.0 μm的氢化钛

图 5-5　中空玻璃微球与氢化钛粉末的扫描电镜

在课题组前期试验中,研究了不同中空玻璃微球含量对乳化炸药爆轰特性的影响规律,试验结果表明加入 4%中空玻璃微球的乳化炸药具有最优的爆炸特性。因此,为防止敏化剂对不同配方乳化炸药爆轰性能造成影响,所有乳化炸药样品均添加 4%中空玻璃微球敏化。具体乳化炸药配方见表 5-6,样品 A_1 为空白乳化炸药,样品 $A_2 \sim A_5$ 是加入粒径为 7.6 μm,含量分别 2%、4%、6% 和 8% TiH_2 的乳化炸药样品,样品 $A_6 \sim A_8$ 是加入含量为 6%,粒径分别为 33.7 μm、50.1 μm 和 120.0 μm TiH_2 的乳化炸药样品。

表 5-6 乳化炸药的不同配方

样品	质量分数/%			
	乳胶基质	玻璃微球	TiH_2	TiH_2 粒径/μm
A_1	96	4	0	/
A_2	94	4	2	7.6
A_3	92	4	4	7.6
A_4	90	4	6	7.6
A_5	88	4	8	7.6
A_6	90	4	6	33.7
A_7	90	4	6	50.1
A_8	90	4	6	120.0

5.3.3 TiH_2 含量与粒径对乳化炸药的热稳定性影响

乳化炸药是一种自反应物质,即使在没有外界能量作用的情况下,炸药本身也会发生缓慢的分解反应,尤其在储存、运输和使用过程中可能会受到外界各种因素的影响,导致炸药内部热积累,进而引发炸药的意外爆炸。另外向乳化炸药中添加 TiH_2 粉末也会对其安全性产生影响,因此有必要深入探究不同配方的 TiH_2 型储氢炸药的热稳定性,对潜在不稳定因素进行安全性评价。

5.3.3.1 试验仪器及原理

本书使用瑞士梅特勒托利多公司生产的 TG/DSC 型同步热分析仪测试 TiH_2 型储氢炸药,如图 5-6 所示。通过对不同粒径的 TiH_2 颗粒进行空气气氛下 TG-DSC 试验,系统地研究粒径对 TiH_2 热分解释氢及氧化特性的影响。通过对添加不同含量和粒径 TiH_2 型乳化炸药进行 TG-DSC 试验,测得了不同炸药样品在不同升温速率下的热分解过程,从而研究 TiH_2 对乳化炸药体系热稳定性的影响。

图 5-6　TG/DSC 型同步热分析仪实物图

TG/DSC 型同步热分析仪包含一个参比池与一个样品池,在样品池中放入待测样品,粉末 5 mg 左右,乳化基质 10 mg 左右,同时参比池中放入和样品池相同的坩埚。在设定最高温度和升温速率后,点击"开始",测量被测样品的质量以及被测物质与参比物之间的热流差值随着温度变化的规律。通过测得的不同升温速率以及吹扫气下的试验数据,不仅可以得到被测物质的分解、熔融温度等,还可通过计算得到样品的失重率、放热量、指前因子以及表观活化能等热分解动力学参数。

5.3.3.2　试验条件

为研究不同粒径 TiH_2 的氧化特性,通过 TG/DSC 型同步热分析仪对 TiH_2 样品进行了热分析试验。在试验中,控制每组被测样品质量在 5 mg 左右,并且将一个空白氧化铝坩埚作为参比样品,另一个氧化铝坩埚放置待测样品,设置升温区间为 $25\sim1\,000$ ℃,升温速率为 10 K/min,并且通入 20 mL/min 空气作为吹扫气来测氧化特性。另外通过 TG/DSC 型同步热分析仪对加入不同含量和粒径 TiH_2 的乳化炸药样品进行热分解试验。控制每次试验时被测样品在 10 mg 左右,通入 40 mL/min 氮气作为保护气,试验待测乳化炸药样品的升温速率分别设置为 5 ℃/min、10 ℃/min、20 ℃/min 和 30 ℃/min,升温区间设为 $25\sim350$ ℃,测量出其相应的 TG-DSC 曲线。

5.3.3.3　粒径对 TiH_2 热分解特性的影响

图 5-7 是粒径为 7.6 μm、33.7 μm、50.1 μm、120 μm 的 TiH_2 在空气气氛中的 TG 曲线,虽然四种样品粒径大小不同,但 TG 曲线都只包含一个增重阶段。TG 试验结果表明 TiH_2 粒径的减小使得其氧化起始温度降低,其中 7.6 μm

TiH_2 的起始氧化温度为 360 ℃,远低于另外三组样品,另外粒径越小,氧化增重速率越快,7.6 μm TiH_2 在 931 ℃时已反应完全。这是因为 TiH_2 颗粒的粒径越小,其表观活化能越低,所以初始氧化温度越小;同时,小粒径的 TiH_2 有大的比表面积,与空气接触更多,氧化反应更充分,因而氧化增重速度更快。

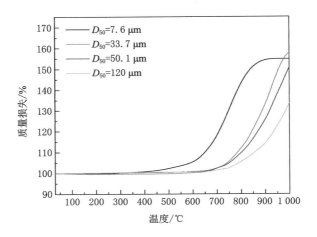

图 5-7 不同粒径的 TiH_2 在空气气氛下的 TG 曲线

5.3.3.4 含量对 TiH_2 型储氢乳化炸药热分解特性的影响

在低升温速率条件下,样品具有较长的反应时间,更利于观察质量以及放热量的变化情况,因此为研究加入不同含量 TiH_2 的乳化基质热分解特性,对比分析了 5 K/min 升温速率下的乳化基质 TG-DSC 曲线,试验结果如图 5-8 所示。由图 5-8(a)可知,五组乳化炸药样品均包含两个失重阶段:第一次失重阶段在 53~160 ℃,在此温度区间,样品质量损失约 7.5 %,此阶段的质量损失主要是乳化基质中绝大多数的水分受热蒸发以及一小部分基质分解导致的;第二次失重阶段在 175~270 ℃,可以看到 TG 曲线出现快速下降,此阶段质量损失约为 80%,这是硝酸铵和易挥发油相受热分解导致的。样品 A_1~A_5 的最终剩余质量依次增加,这是因为乳化炸药中添加的 TiH_2 含量不同,并且在此温度区间内 TiH_2 并未完全分解,因此 TiH_2 含量高的样品残余质量最多。如图 5-8(b)所示,乳化基质在 53~68 ℃区间有一个吸热峰,对应 TG 曲线水蒸发吸热阶段。在 240~290 ℃温度区间内,DSC 曲线出现一个很高的放热峰,这是由于乳化基质中油相材料将水相包裹在里面,使硝酸铵的分解产物无法瞬间释放出来。当油包水结构因高温作用发生破裂,集中放热而产生放热峰,随着温度继续增高,DSC 曲线在 300 ℃之后出现第二个吸热峰,但与此温度对应的 TG 曲线[图 5-8(a)]均未出现乳化基质的失重现象,这是因为乳化基质中含有的硝酸钠在此温度下发生了熔融吸热。

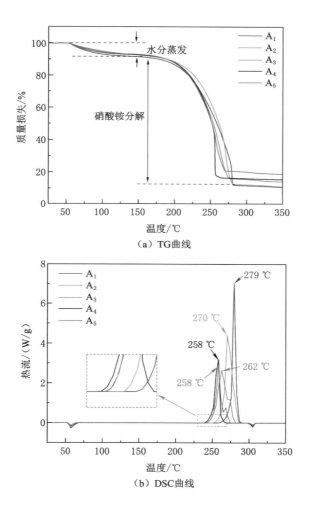

（a）TG曲线

（b）DSC曲线

图 5-8　加入不同含量 TiH_2 的乳化炸药在升温速率为 5 ℃/min 时的 TG-DSC 曲线

　　添加不同含量的 TiH_2 对乳化基质 DSC 曲线中的水蒸发温度、硝酸钠熔融温度以及对应的吸热量影响很小,但不同含量 TiH_2 的添加改变了乳化炸药起始分解温度和 DSC 曲线的峰值温度。对比图 5-8（b）中不同样品的 DSC 曲线可以发现,未添加 TiH_2 的乳化炸药热分解起始温度为 261 ℃,放热峰峰值温度为 279 ℃,最大热流为 7.02 W/g;添加 2%、4%、6% 以及 8% TiH_2 的乳化炸药热分解起始温度分别为 251 ℃、243 ℃、238 ℃、241 ℃,放热峰峰值温度分别为 270 ℃、260 ℃、255 ℃、258 ℃,最大热流为 4.41 W/g、2.64 W/g、3.19 W/g、2.85 W/g。添加 TiH_2 会造成乳化炸药起始分解温度和 DSC 曲线的峰值温度的降低,其中 6% 含量 TiH_2 乳化炸药的起始分解温度降幅最大,达到 23 ℃,放热峰峰值温度相差 24 ℃。该现象表明,TiH_2 作为含能添加剂在一定程度上催化加速了乳化炸药热分解反应的进程,降低了乳化炸药的热稳定性。

为探究不同含量 TiH_2 对乳化基质热稳定性的影响,本书利用 Flynn-Wall-Ozawa 法对不同炸药样品在升温速率分别为 5 ℃/min、10 ℃/min、20 ℃/min 和 30 ℃/min 条件下的热重曲线进行求解计算,求得其表观活化能。Flynn-Wall-Ozawa 法方程如下:

$$\lg \beta = \lg \frac{AE}{RG(\alpha)} - 2.315 - 0.456\ 7\ \frac{E}{RT} \tag{5-1}$$

式中,β 是升温速率,℃/min;A 是指前因子,s^{-1};E 是表观活化能,kJ/mol;R 是理想气体常数,$R = 8.314$ J/(mol·K);$G(\alpha)$ 是积分机理函数,α 是反应深度;T 是反应温度,K。

表 5-7 是五种乳化基质样品在不同 α 以及 β 下与之相对应的温度(T)。利用式(5-1)和表 5-7 的数据,对 $\lg \beta$ 与 $1/T$ 进行线性拟合,所得结果如图 5-9 所示;由式(5-1)可知通过斜率可计算得到表观活化能 E,计算结果见表 5-8,其中 r 和 Q 分别为拟合方程的相关系数和剩余标准差。

表 5-7   不同升温速率和反应深度下五种样品的反应温度

α	β/(℃/min)	T/K				
		A_1	A_2	A_3	A_4	A_5
0.4	5	521.417	526.083	518.583	517.417	516.667
	10	532.198	545.850	536.480	532.770	533.050
	20	549.753	560.850	552.180	547.950	546.750
	30	556.793	572.410	561.800	557.400	554.630
0.5	5	531.750	534.667	526.833	524.833	524.917
	10	544.959	551.270	541.720	540.800	537.633
	20	563.698	566.570	556.800	555.250	554.000
	30	568.182	579.370	567.860	563.060	561.480

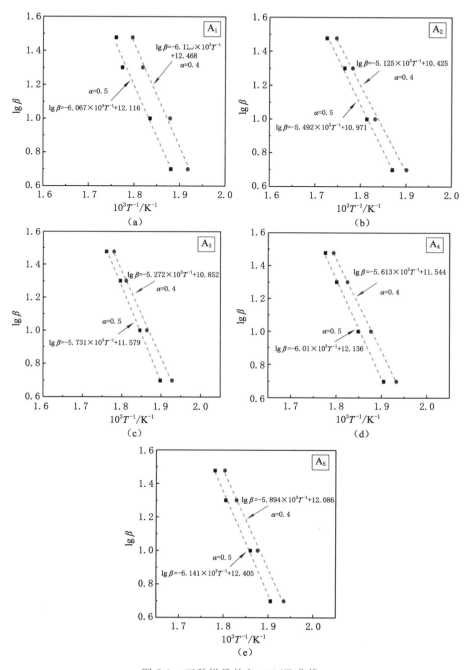

图 5-9　五种样品的 lg β-1/T 曲线

表 5-8　由 Flynn-Wall-Ozawa 法求得的五种样品的动力学参数

样品	$\alpha=0.4$			$\alpha=0.5$		
	$E/(kJ/mol)$	r	$Q/(kJ/mol)$	$E/(kJ/mol)$	r	$Q/(kJ/mol)$
A_1	111.50	0.992	0.006 00	110.45	0.987	0.004 55
A_2	93.30	0.995	0.001 79	100.13	0.997	0.000 84
A_3	95.97	0.998	0.000 84	104.31	0.999	0.000 32
A_4	102.18	0.999	0.000 21	109.40	0.999	0.009 81
A_5	107.30	0.996	0.001 50	111.79	0.998	0.000 82

由表 5-7 数据可知,在反应深度 α 不变的条件下,同一炸药样品的反应温度随着加热速率的增加而增大。这是由于高升温速率使得反应还未发生便被强制带入更高的反应温度,造成反应时间具有一定的滞后性。由表 5-8 数据以及图 5-9 回归直线可知,相关系数基本都在 0.98 以上,回归直线的拟合程度较高。另外注意到同一样品的表观活化能随着 α 的增加略有增大,且乳化基质的表观活化能随着 TiH$_2$ 含量的增加呈现先减小后增加的规律,添加 TiH$_2$ 后的表观活化能总体小于空白样品。这是由于 TiH$_2$ 与硝酸铵发生了化学反应,由图 5-7 可知,7.6 μm TiH$_2$ 在 360 ℃分解,在与硝酸铵混合体系中,将吸收大量热量,TiH$_2$ 释放出氢气,而 NH$_4$NO$_3$ 在 TiH$_2$ 表面分解出 O 和 OH 自由基,所以推测存在以下反应:NH$_4$NO$_3 \longrightarrow$ NH$_3$ + HNO$_3$,NH$_4$NO$_3 \longrightarrow$ N$_2$O + 2H$_2$O,2NH$_4$NO$_3 \longrightarrow$ 2N$_2$ + O$_2$ + 4H$_2$O,而 TiH$_2$ 分解产生的 Ti 可与硝酸发生反应,即 Ti + 8HNO$_3 \longrightarrow$ Ti(NO$_3$)$_4$ + 4NO$_2$ + 4H$_2$O,加速 NH$_4$NO$_3$ 的分解。另外,由扫描电镜结果可知 TiH$_2$ 颗粒形状不规则,其棱角会破坏基质的结构,使 NH$_4$NO$_3$ 与 TiH$_2$ 接触更加充分,促进热分解反应。

5.3.3.5　粒径对 TiH$_2$ 型储氢乳化炸药热分解特性的影响

图 5-10 为加入不同粒径 TiH$_2$ 的乳化炸药样品在 5 ℃/min 升温速率下的热分解曲线。由图 5-10(a)可知,TiH$_2$ 粒径对初始水和硝酸铵的质量损失没有影响,但 TiH$_2$ 粒径减小会加快硝酸铵的分解,加入 7.6 μm TiH$_2$ 的硝酸铵分解最为迅速。另外,不同样品的最终剩余质量基本一致,这是由于乳化炸药中添加的 TiH$_2$ 含量相同,因此样品最终残余质量差别不大。DSC 曲线如图 5-10(b)所示,乳化基质存在蒸发水和硝酸钠熔融的吸热峰,以及一个硝酸铵热分解的放热峰。不同粒径 TiH$_2$ 的加入对乳化基质 DSC 曲线整体形状并无显著影响,蒸发水和硝酸钠熔融的吸热阶段基本一致,但不同粒径 TiH$_2$ 的加入显著影响了 DSC 曲线的最大热流值。对比图 5-10(b)与图 5-8(b)可知,四种样品的最大热流值分别为 3.19 W/g、4.39 W/g、6.61 W/g、4.06 W/g,其中添加 7.6 μm TiH$_2$

的乳化基质最大热流值降低最多,而添加 50.1 μm TiH$_2$ 样品与空白样品的最大热流值 7.02 W/g 最为接近。对于本试验中所用到的 TiH$_2$ 而言,随着 TiH$_2$ 粒径的增加,乳化基质的最大热流值呈现出先上升后下降的趋势。另外,添加 33.7 μm、50.1 μm、120 μm TiH$_2$ 的乳化基质热分解起始温度基本相同,而加入 7.6 μm TiH$_2$ 的乳化基质热分解起始温度显著降低。由图 5-7 所示不同粒径的 TiH$_2$ 在空气气氛下氧化的 TG 曲线可知,7.6 μm TiH$_2$ 的氧化起始温度相对其他几个样品较低,这导致其更容易与硝酸铵反应,促进热分解。

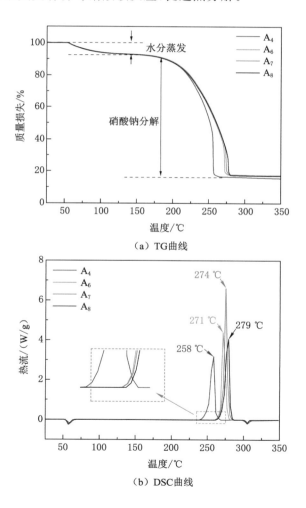

（a）TG曲线

（b）DSC曲线

图 5-10　加入不同粒径 TiH$_2$ 的乳化炸药在升温速率为 5 ℃/min 时的 TG-DSC 曲线

为研究不同粒径 TiH₂ 对乳化基质热稳定性的影响,使用上节的 Flynn-Wall-Ozawa 法对在 5 ℃、10 ℃、20 ℃ 和 30 ℃/min 升温速率下的 TG 曲线求解,表 5-9 是四种乳化基质在不同 α 以及 β 下与之相对应的温度(T),表 5-10 为计算出的表观活化能与拟合曲线相关度,图 5-11 为相应 $\lg\beta$ 与 $1/T$ 的线性拟合直线。

表 5-9　不同升温速率和反应深度下四种样品的反应温度

α	β/(℃/min)	T/K			
		A_4	A_6	A_7	A_8
0.4	5	517.417	522.667	524.000	523.417
	10	530.000	539.000	538.000	538.500
	20	539.000	552.333	553.667	554.333
	30	543.000	559.000	562.500	558.500
0.5	5	524.833	532.750	534.083	533.750
	10	535.000	548.500	547.833	548.833
	20	541.667	562.000	563.000	564.000
	30	545.000	567.500	571.000	567.500

表 5-10　由 Flynn-Wall-Ozawa 法求得的四种样品的动力学参数

样品	$\alpha=0.4$			$\alpha=0.5$		
	E/(kJ/mol)	r	Q/(kJ/mol)	E/(kJ/mol)	r	Q/(kJ/mol)
A_4	102.18	0.999 0	0.000 21	109.40	0.999 0	0.009 81
A_6	113.25	0.991 8	0.002 89	120.80	0.989 7	0.003 64
A_7	107.80	0.999 8	0.000 06	115.99	0.999 5	0.000 16
A_8	113.03	0.986 5	0.004 75	121.08	0.982 3	0.006 22

由表 5-10 中相关系数与剩余标准差可知,拟合程度均大于 0.98,效果较好。另外从表 5-10 和图 5-11 可以发现,反应深度的加深使得样品表观活化能略有增大。此外,TiH₂ 的粒径对乳化基质的表观活化能有一定的影响,在添加 7.6 μm TiH₂ 时表观活化能出现最小值。造成上述现象的原因是:TiH₂ 颗粒粒径越小,比表面积就越大,从而使得 TiH₂ 具有较高的表面活性,快速地达到活化温度,促进了 NH_4NO_3 与 TiH₂ 的氧化还原反应,且 TiH₂ 颗粒形状的不规则对基质体系产生了一定的破坏作用。

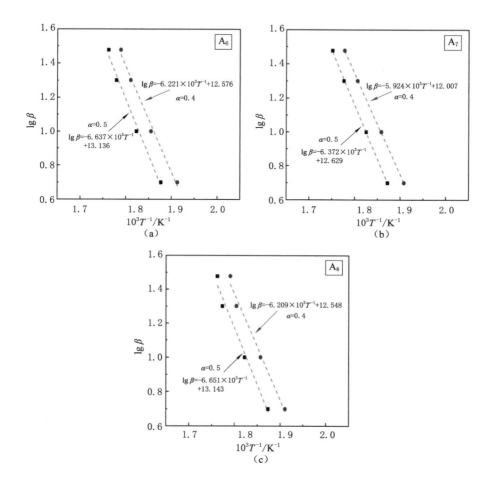

图 5-11　三种样品的 $\lg \beta$-$1/T$ 曲线

5.4　含能微囊的制备与性能表征

5.4.1　试剂和原料

试验所用试剂见表 5-11。

表 5-11 试验试剂

药品名称	级别	生产厂家
氢化钛(TiH_2)	商业级	宝鸡泉兴钛业有限公司
偶氮二甲酰胺(AC)	商业级	江苏索普(集团)有限公司
戊烷	分析纯	上海麦克林生化科技股份有限公司
正己烷	分析纯	江苏强盛功能化学股份有限公司
异辛烷	分析纯	上海麦克林生化科技股份有限公司
偶氮二异丁腈(AIBN)	分析纯	上海麦克林生化科技股份有限公司
甲基丙烯酸甲酯(MMA)	分析纯	上海麦克林生化科技股份有限公司
乙二醇二甲基丙烯酸酯(EGDMA)	分析纯	上海麦克林生化科技股份有限公司
氢氧化钠(NaOH)	分析纯	上海麦克林生化科技股份有限公司
六水氯化镁($MgCl_2 \cdot 6H_2O$)	分析纯	上海麦克林生化科技股份有限公司
聚乙烯醇	分析纯	上海麦克林生化科技股份有限公司
十二烷基硫酸钠(SDS)	化学纯	上海麦克林生化科技股份有限公司
稀盐酸(HCl)	5%	江苏强盛功能化学股份有限公司
无水乙醇	99.7%	江苏强盛功能化学股份有限公司
硅烷偶联剂(KH550)	分析纯	上海麦克林生化科技股份有限公司
玻璃微球(GMs)	商业级	美国3M公司
氮气(N_2)	99.99%	合肥恒隆电气技术有限公司
氩气(Ar)	99.99%	合肥恒隆电气技术有限公司
去离子水	/	实验室自制

5.4.2 试验仪器和设备

试验所用设备见表 5-12。

表 5-12 试验设备

设备名称	型号	生产厂家
激光粒度分析仪	MS2000	英国马尔文仪器有限公司
扫描电子显微镜	VEGA3 SB	捷克 TESCAN 仪器有限公司
热重分析仪	TG/DSC	瑞士梅特勒托利多公司

表 5-12(续)

设备名称	型号	生产厂家
光学显微镜	SG50	苏州神鹰光学有限公司
真空干燥箱	DZF-6050	扬州市三发电子有限公司
电子天平	JT2003D	上海邦西仪器科技有限公司
恒温鼓风干燥箱	DHG-9053	上海一恒科学仪器有限公司
高压反应釜	150 mL	上海捷昂仪器有限公司
恒温数显磁力搅拌电热套	TGYF	上海捷昂仪器有限公司
集热式恒温加热磁力搅拌器	DF-101S	上海邦西仪器科技有限公司
循环式多用真空泵	SHZ-D(Ⅱ)	河南予华仪器有限公司
行星式球磨机	XQM	南京科析实验仪器研究所
多段计时器	DDBS20	开封仪表有限公司
超声波清洗器	KQ5200E	昆山市超声仪器有限公司
水浴锅	HH-2	常州国华电器有限公司
实验室纯水机	UPW-R2-15	上海精密科学仪器有限公司
烧杯、量筒等	各种规格	深圳市良谊实验室仪器有限公司

5.4.3　试验方法

5.4.3.1　水相和混合油相的制备

将一定比例的去离子水、分散剂、乳化剂等混合搅拌形成水相,然后将一定比例的单体、膨胀剂、含能添加剂、引发剂等混合搅拌均匀形成油相。

5.4.3.2　均化与聚合反应

将混合油相倒入水相,以一定速度均化形成稳定的水包油(O/W)乳液,其中油滴含有含能添加剂颗粒。立刻将悬浮溶液注入高压反应釜,在一定压力的 N_2 气氛中缓慢升温至设定温度聚合;聚合完成后,分别用稀盐酸和去离子水重复洗涤复合微囊,然后将微囊在 30 ℃下干燥 24 h;最后将制备的含能微囊在一定温度下发泡一段时间,得到中空含能微囊。含能微囊的形成机理如图 5-12 所示。其中,有机相中反应单体是互溶的,核心材料分散在有机分散相中,非混相在界面处接触,液滴被包裹在聚合膜中。

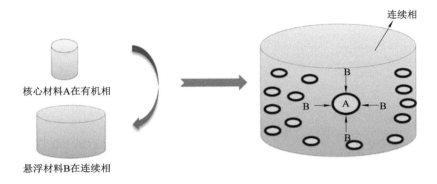

核心材料A在有机相

悬浮材料B在连续相

连续相

图 5-12　含能微囊的形成机理示意图

5.4.4　微囊的性能表征

5.4.4.1　微囊粒径测试

　　如图 5-13 所示,打开激光粒度分析仪和计算机上的分析软件,预热 15～30 min,新建标准操作程序(SOP),选择测量参数,输入样品的名称、折射率、吸收率,选择对应的数据分析模型。样品测量前应充分混合,向干法自动进样器加入 2 g 具有代表性的样品,点击"开始测量",仪器自动测量和记录试验结果。

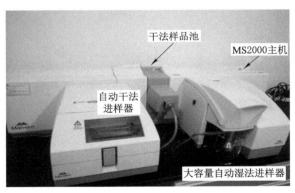

干法样品池

MS2000主机

自动干法
进样器

大容量自动湿法进样器

图 5-13　MS2000 激光粒度分析仪

5.4.4.2　微囊形貌测试

　　将含能微囊均匀分布在胶带上,放入真空室抽真空,在微囊表面喷涂一层薄薄的金粉,然后将样品托盘放入在扫描电子显微镜下观察微囊的形态,如图 5-14 所示。

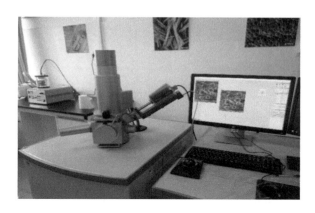

图 5-14　VEGA3 SB 扫描电镜实物图

5.4.4.3　含能微囊的热稳定性测试

使用如图 5-15 所示的瑞士梅特勒托利多公司 TG/DSC 型热重分析仪测试含能微囊的 TG 和 DSC 曲线,设置升温区间为 $30\sim650\ ℃$,升温速率为 10 ℃/min,保护和吹扫气流速度为 50 mL/min 的 N_2。称取约 $5\sim10$ mg 的热膨胀含能微囊待测样品放置于 70 μL 氧化铝坩埚中,将坩埚放置在托盘热传感器上。根据微囊的失重情况和微囊的热分解曲线,计算含能微囊的热稳定性和包封效率。

图 5-15　TG/DSC 型热重分析仪实物图

5.4.4.4　含能微囊发泡性能测试

取相同体积的干燥后含能微囊放入 25 mL 透明玻璃螺口瓶,做好标记和编号,然后放到真空干燥箱中在一定的温度下发泡一段时间,并将膨胀后的含能微囊放置在扫描电镜下观察发泡前后的形态和大小。

5.5 固体膨胀剂制备的含能中空微囊

5.5.1 引言

储氢材料,特别是金属储氢材料,因其易制备、能量高、来源广泛和稳定性能好,已广泛应用于民用和军事领域。已有研究结果表明,储氢材料加入炸药中可以显著提高炸药的爆轰性能。但将储氢材料直接加入乳化基质的传统方法无法保证添加剂与乳化基质的相容性和安全性,还可能造成乳化炸药感度提高、破乳、析晶、分层和爆轰性能不稳定等问题,甚至发生意外爆炸。因此,如何提高含能添加剂自身稳定性及其与乳化炸药的相容性,引起了研究人员的极大兴趣。近几十年来,人们开发了各种包覆含能材料的方法,包括球磨包覆、结晶包覆、喷雾干燥包覆、原位聚合包覆。研究结果表明,表面包覆是提高含能添加剂和乳化炸药相容性的一项重要技术。在含能材料表面包覆一些惰性材料可显著提高自身的稳定性和乳化炸药的相容性,但仍有一些不足之处需要改进。首先,包覆膜与基体材料界面相互作用不够强,可能导致不同组分界面之间出现分离,导致其表面覆盖率低。其次,包覆后的含能添加剂在敏化过程中,由于受到机械搅拌作用,包覆膜容易因强度低而遭到破坏从而丧失保护作用。最后,包覆后的含能材料需要和敏化剂共同加入乳化基质中,很难保证它们在乳化基质中能够均匀分布,将严重影响乳化炸药的爆轰性能和稳定性。因此,需要探索含能材料的包覆新技术,从根本上解决含能材料的稳定性和乳化炸药的相容性。

中空微囊是一类内部结构精细的微物体,它由一个或多个包在连续壳内的亚球(核)组成,由于其具有面积大、密度低、空隙空间大等特点,因此被称为"摇铃型微囊"或"蛋黄壳型微囊"。这些微囊因其复杂的中空结构分层,在催化、生物医药等方面表现出巨大的潜力,并在快速发展的能源应用领域受到关注。其中,复合微囊的大空隙已经成功地用于药物、化妆品和 DNA 等敏感材料的封装和控制释放。而且还可以利用复合微囊的空隙空间来调节折射率,降低密度,增加催化活性面积,提高颗粒承受体积循环变化的能力。悬浮聚合法是一种有效制备球形中空微囊的方法,其工艺参数易于控制,但对通过悬浮聚合法制备包含高能晶体的聚合物微囊的形成和性质的研究还很少。该方法一般采用 O/W 系统,通常需要乳化剂。高能晶体分散在聚合物单体溶液中形成混合油相,混合的油相分散液在连续的水相中乳化,形成离散的水包油液滴。当升温聚合时,油相液滴中的聚合物单体在引发剂的作用下聚合变硬,将高能晶体封装在聚合物微囊中,经过适当的过滤干燥可得到自由流动的微囊。显然,与传统表面包覆的方法相比,该方法的优点是能明显改善高能晶体与聚合物界面的相互作用。对于惰性材料涂层,高能晶体表面直接与包覆材料接触,通过弱物理吸附附着在晶体表面。而在悬浮聚合方法中,高能晶体首先与聚合物分子接触,然后在油相溶液中完成相互作用,即聚合物溶液充分饱和了晶体表面。此外,水包油乳液液滴在聚合过程中稳定性能好,水相分散薄膜可以防止微囊团聚。

储氢合金较气态和液态储氢具有单位体积储氢容量高、无需高压、无需隔热容器和安全性好等优点。储氢合金比金属颗粒具有更高的能量密度,较猛炸药具有更好的稳定性。TiH_2 是十分重要的一种储氢材料,其析氢温度约 400 ℃,燃烧热高达 21.5 MJ/kg,储氢量高达 3.9%。TiH_2 在高氯酸钾中进行了 20 年的有氧储存试验后几乎没有分解,所以 TiH_2 具备显著的存储稳定性。所有这些特点使 TiH_2 广泛应用于炸药和推进剂中。PMMA 具有良好的物理化学性质(如气体选择性、抗拉强度、生物相容性等),已广泛应用于医疗、电子等各个工业领域。偶氮二甲酰胺(AC)分子结构中含有—N≡N—基团,含氮量高(48.28%),产气量高(220 mL/g)。在合成多孔材料过程中,加入 AC 会向材料中引入均匀分布的小气泡。更重要的是,它无毒且价格低廉。PMMA 聚合物微囊可用作乳化炸药的物理敏化剂,微囊的中空结构在乳化炸药爆轰过程中可充当"热点"。因此,如果用 PMMA 微囊将 TiH_2 和发泡剂 AC 包覆起来,通过加热使微囊内的 AC 分解产生气体,微囊内部压力增大,会导致壳体向外膨胀形成中空结构。

本节提出一种通用简单的方法用于合成具有中空结构的含能微囊,首先采用 AC 球磨包覆 TiH_2 颗粒,然后用预聚合的 PMMA 包覆球磨后的 AC-TiH_2 形成含能微囊,再通过热膨胀形成 PMMA/TiH_2 含能中空微囊,最后对所获得的含能中空微囊的表面形貌、粒度、微观结构进行了表征。

5.5.2　试验部分

本书采用改进的悬浮聚合法制备可膨胀的含能中空微囊。如图 5-16 所示,该方法分为四个步骤:TiH_2 颗粒表面改性、AC 颗粒球磨包覆 TiH_2、悬浮聚合形成复合含能微囊和热膨胀形成中空含能微囊。

5.5.2.1　TiH_2 颗粒表面改性

由于储氢合金 TiH_2 与有机物(聚合物)亲和性较差,需要通过表面改性的方法提高 TiH_2 的亲油性。在 50 mL 三口烧瓶中加入 KH-550(20%)、无水乙醇(72%)、水(8%),再加入 10 g TiH_2,超声 20 min,摇匀后,在水浴锅中加热保持温度 80 ℃,磁力搅拌并间隔超声(间隔 0.5 h),反应 10 h 后抽滤分离,低温真空干燥 24 h,得到亲油性良好的 TiH_2 颗粒。化学反应方程如图 5-17 所示。

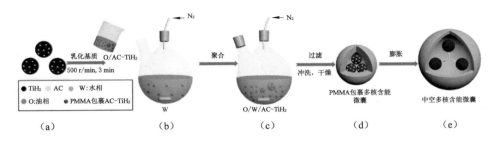

图 5-16 多核含能中空微囊的合成示意图

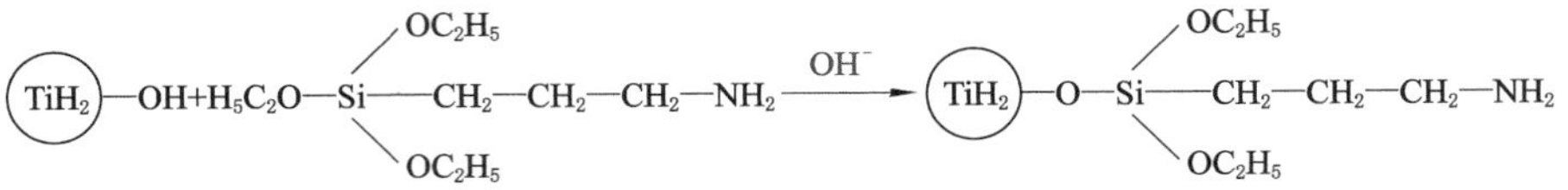

图 5-17 硅烷 KH-550 对 TiH$_2$ 的表面改性机理

5.5.2.2 AC 颗粒球磨包覆 TiH$_2$

首先,1~10 份 AC 与 100 份改性后的 TiH$_2$ 加入 250 mL 的钢球磨罐,球罐的装料系数为 0.5,球磨用钢球由直径分别为 6 mm、10 mm 和 15 mm 的钢球级配构成,级配比为 2:6:10。为了尽量减少水分和空气在球磨过程中对 TiH$_2$ 粉末造成的不良影响,防止球磨罐内的 TiH$_2$ 发生氧化;球磨罐装好料后先在真空干燥箱中真空干燥 24 h 以去除水汽,然后拧紧球磨盖,利用球磨罐盖上面的一个排气阀门接真空泵抽真空,另一个排气阀门通入高纯氩气(纯度≥99.99%),以形成保护性气氛,并最终使罐内的氩气气压水平保持与大气压基本相同,在转速 100~250 r/min 下球磨 0.5~2 h。图 5-18 为 AC 包覆 TiH$_2$ 后的 SEM 图,其中 AC 的含量为 1%。通过球磨的机械作用,一部分 AC 颗粒分布在 TiH$_2$ 表面,一部分嵌入 TiH$_2$ 的颗粒中,而且 1% 的 AC 不足以完全包覆 TiH$_2$,球磨后形成的是一种 AC 包覆 TiH$_2$ 颗粒的离散包覆结构。高能球磨的工艺可以让微纳米级的 AC 颗粒在微米级母颗粒 TiH$_2$ 表面上的包覆,实现微纳米颗粒的均匀有序分散。

5.5.2.3 悬浮聚合形成复合含能微囊

在 100~200 份去离子水中依次加入 10~20 份 NaOH、30~60 份 MgCl$_2$·6H$_2$O、2~5 份 1% SDS 水溶液,剧烈搅拌 1 h 形成稳定的悬浮保护液。然后,将 20~40 份单体 MMA、1~2 份引发剂 AIBN 及 0.2~0.5 份交联剂 EGDMA 混合溶解形成油相,在 75 ℃ 温度下预聚合一段时间后用冰水浴将反应体系温度降低至室温。随后,在生成的 PMMA 预聚物中加入 10~20 份球磨包覆后的 AC-TiH$_2$

（a）　　　　　　　　　　　（b）

图 5-18　AC-TiH$_2$ 的 SEM 图

复合颗粒并混合均匀[图 5-16（b）]，将混合物迅速转移到水相分散液中，在一定的转速下均化，形成稳定的悬浮液[图 5-16（c）]，然后升温至 75 ℃熟化 4～6 h，经冷却、过滤、冲洗和干燥后得到交联 PMMA 包裹多核 AC-TiH$_2$ 的复合微囊[图 5-16（d）]，搅拌混合和聚合过程均在 N$_2$ 的保护下进行。

5.5.2.4　中空含能微囊的形成

将制得的微囊加热至一定温度，使其内部固体膨胀剂 AC 分解产生 N$_2$ 和 CO$_2$ 等气体，同时聚合物外壳受热软化并在内部气体的作用下向外膨胀形成空心结构，冷却固化后得到 PMMA 包裹多核 TiH$_2$ 颗粒的中空微囊[图 5-16（e）]。

5.5.3　结果与讨论

5.5.3.1　乳液的表面形貌

图 5-19 是油相、水相和乳液的数码照片和乳液的 OM 图。如图 5-19（a）所示，在加入 TiH$_2$ 之前，油相是透明的液体，由纳米 Mg（OH）$_2$ 形成的水相分散液是一种乳白色液体，将油相倒入水相，连续搅拌形成的 O/W 乳液仍然呈乳白色。如图 5-19（b）所示，在油相加入 TiH$_2$ 之后，形成的混合油相由透明的液体变成黑色不透明的液体，将混合油相倒入水相分散搅拌形成的 O/W 乳液也变成黑色。图 5-19（c）是 O/W 乳液的 OM 图，乳化液滴在载玻片上平铺后呈现稳定的球形形态，无塌陷现象。乳液在室温保存 6 h 后，乳液依然保持了基本的原始形态，表明制备的乳液具有良好的稳定性。图 5-19（d）为油相中添加 TiH$_2$ 颗粒形成的乳液 OM 图，可以清楚地看到形成 O/W 乳液的油相液滴中包含 TiH$_2$ 颗粒。液滴的直径在 30～200 μm 之间，平均粒径大约是 110 μm。

（a）未添加TiH₂的乳液 　　　　　　　（b）添加TiH₂的乳液

（c）未添加TiH₂乳液的OM图 　　　　　　（d）添加TiH₂乳液的OM图

图 5-19　油相、水相和乳液的照片和乳液的 OM 图

5.5.3.2　颗粒的粒度分布

图 5-20 给出了球磨前后的 TiH₂ 颗粒和含能微囊的粒度分布，球磨前 TiH₂ 颗粒的平均粒径是 32 μm，粒度分布更宽。而球磨后形成的 AC-TiH₂ 的平均粒径变小，大约是 23 μm。因此在球磨的过程中形成 AC 包覆 TiH₂ 颗粒的同时，TiH₂ 颗粒的粒径也在进一步减小。原因归结如下：球磨过程中颗粒间相互碰撞导致 TiH₂ 破碎，TiH₂ 的粒径变小，分布变窄。使用 PMMA 包覆 TiH₂ 后形成的复合含能微囊与原材料 TiH₂ 的粒径分布曲线差别很大，从图中可以看到，TiH₂ 的粒径范围为 0.1～105 μm，而多核中空含能微囊的粒径范围为 58～180 μm，平均粒径为 105 μm。

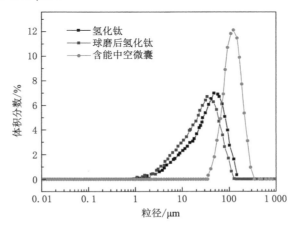

图 5-20　TiH₂ 和含能微囊的粒度分布图

5.5.3.3　微囊的核壳结构及元素分析

为了揭示含能微囊的形貌和表面结构,采用 SEM 和 OM 对 MMA/TiH$_2$ 比值为 2∶1 的样品进行表征。由图 5-21(a)可以看到,试验制备的含能微囊呈球形,且颗粒大小均匀、未发生团聚。图 5-21(b)所示的含能微囊的膜是白色透明的,通过透明的膜可以看到微囊内部含有多个黑色的 TiH$_2$ 颗粒。微囊内部和壳层之间的亮度不同表明了微囊是核壳结构的。因此,微囊的光学显微图像[图 5-21(b)]可以证明成功制备了 PMMA 包覆的 AC-TiH$_2$ 核壳结构复合微囊。

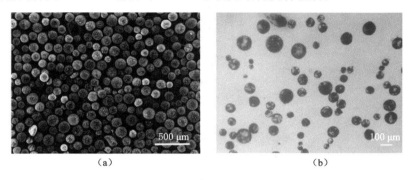

（a）　　　　　　　　　　　　（b）

图 5-21　含能微囊的 SEM 和 OM 图

图 5-22 为纯 PMMA 和 PMMA/TiH$_2$ 微囊的 EDS 能谱图。从图 5-22(a)中可以看出,纯 PMMA 表面有 C、N、O 特征峰,Na 峰和 Mg 峰的出现分别归因于微囊表面的未去除的 Mg(OH)$_2$ 和 NaCl。图 5-22(b)中 PMMA/TiH$_2$ 微囊的能谱中,除 C、N、O、Na 和 Mg 的特征峰外,还存在 TiH$_2$ 衍生的特征元素 Ti。

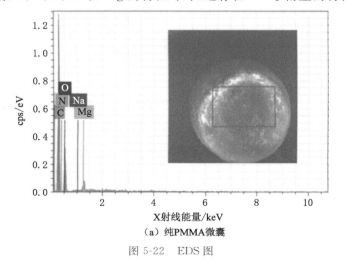

（a）纯PMMA微囊

图 5-22　EDS 图

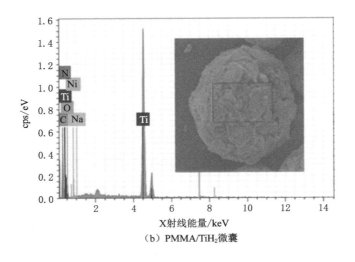

（b）PMMA/TiH₂微囊

图 5-22　（续）

为了进一步确定 PMMA/TiH₂ 含能热膨胀微囊的核壳结构，将 MMA/TiH₂ 比为 2∶1 制备的复合含能微囊在 250 ℃条件下发泡 2 min，冷却至室温后将样品压碎，对其进行 SEM 分析。观察断裂面，并拍摄 SEM 图像，如图 5-23 所示。高倍率的 SEM 图像清楚地显示了含能微囊内部具有明显的中空结构，微囊的壳层厚度在 2 μm 左右。微囊封装 TiH₂ 颗粒后，一部分 TiH₂ 包封在微囊核内，另一部分嵌入微囊的膜层中。

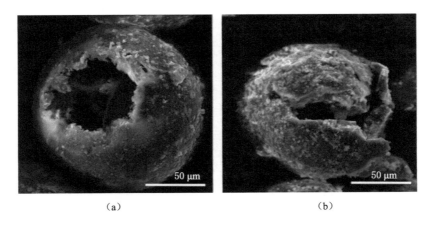

（a）　　　　　　　　　　　　　　　　　（b）

图 5-23　压碎后的含能微囊的 SEM 图

5.5.3.4　含能微囊的稳定性

图 5-24 为纯 PMMA 聚合物微球与 PMMA/TiH$_2$ 微囊的 TG 和 DTG 曲线，结果见表 5-13。

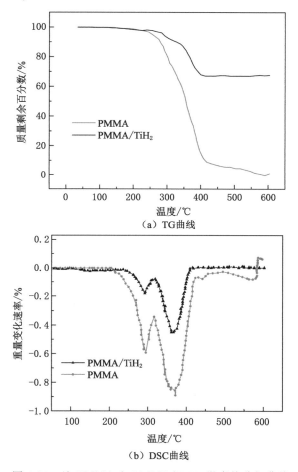

（a）TG曲线

（b）DSC曲线

图 5-24　纯 PMMA 和 PMMA/TiH$_2$ 微囊热分解曲线

表 5-13　纯 PMMA 微球和 PMMA/TiH$_2$ 聚合物微囊的热性能

样品	剩余质量/%[①]		温度/℃[②]		
	250 ℃	350 ℃	T_{10}	T_{20}	T_{max}
纯 PMMA	95.5	51.5	272	300	364
PMMA/TiH$_2$	97.9	84.7	322	355	368

注：① 样品在 250 ℃和 350 ℃下的剩余质量；② 10% 失重和 20% 失重和最大失重速率对应的温度。

由图 5-24 可以看出,两种微球均存在三个降解阶段。与传统的纯 PMMA 聚合物微球相比,改性 TiH_2 的加入使 $PMMA/TiH_2$ 聚合物微囊的热稳定性得到了显著改善。250 ℃后,$PMMA/TiH_2$ 微囊的残留质量明显大于纯 PMMA 聚合物微球的残留质量;在第二降解阶段(400 ℃)后,两种微囊的剩余质量分别为 68.2% 和 8.2%。此外,表 5-13 中 T_{10}、T_{20} 和 T_{max} 的值增加也表明 $PMMA/TiH_2$ 微囊的热稳定性增强,所以 TiH_2 的加入延缓了微囊中树脂的热分解,提高了微囊的热稳定性。含能微囊热稳定性的提高有以下几个原因:第一,有机硅烷 KH550 作为一种改性剂,可以在一定程度上增强微纳米级的 TiH_2 颗粒与聚合物基体间的相互作用和相容性,因此功能化的 TiH_2 纳米颗粒作为交联位点,导致聚合物 PMMA 交联密度增加。第二,$PMMA/TiH_2$ 微囊包含膨胀剂 AC,加热过程中 AC 会分解使微囊膨胀,微囊内的中空结构可以作为热绝缘体和传质屏障,防止传热和降低降解过程中产生的挥发性产品的渗透性。

5.5.3.5 含能中空微囊的膨胀性能测试

为了获得含能微囊的热膨胀温度,利用 TG 曲线研究了 PMMA 壳体、发泡剂 AC 和 TiH_2 的热分解特性。所有样品均在 N_2 保护气氛下加热,温度从 30 ℃变化到 600 ℃,加热速率为 5 ℃/min。在图 5-25 中,我们可以看到膨胀剂 AC 初始和最终的热分解温度分别为 174 ℃ 和 337 ℃,PMMA 的玻璃转化温度是 105 ℃,初始热分解温度是 212 ℃,到 450 ℃完全分解,TiH_2 颗粒的初始析氢温度为 483 ℃。根据原材料的 TG 曲线数据和含能微囊的结构特点,确定含能微囊热膨胀温度为 200 ℃。微囊热膨胀温度高于内部膨胀剂 AC 的热分解温度和壳体 PMMA 的玻璃软化点,低于聚合物膜的热分解和 TiH_2 的析氢温度,所以

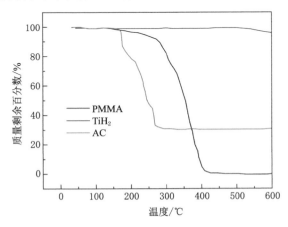

图 5-25　AC、TiH_2 和 PMMA 的 TG 曲线

当 PMMA/TiH$_2$ 的含能微囊被加热到 200 ℃时,PMMA 外壳发生软化,发泡剂 AC 也会分解和释放 N$_2$、CO$_2$ 等气体使微囊膨胀,但芯材 TiH$_2$ 的物理化学性质不发生变化。

图 5-26 和表 5-14 所示为含能微囊在 200 ℃条件下膨胀 2 min 前后的粒径分布变化。膨胀前的含能微囊的体积平均粒径为 101 μm,膨胀后含能微囊的体积平均粒径为 107 μm,两者粒径分布曲线差异不大。这说明膨胀前后对粒径大小变化不大。因此,在特定的温度下,使用 AC 作为膨胀剂膨胀的含能微囊膨胀率不高。

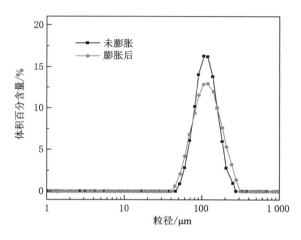

图 5-26　膨胀前后含能微囊的粒径分布

表 5-14　含能微囊膨胀前后的粒径分布参数

粒径 r/μm	D_{10}	D_{50}	D_{90}	Span
未膨胀的含能微囊	69.25	104.31	157.50	0.84
膨胀的含能微囊	64.59	107.44	181.89	1.09

5.6　含能微囊敏化的乳化炸药的爆轰性能研究

5.6.1　引言

前一节中我们制备了适宜用作乳化炸药敏化剂的含能微囊,将制得的含能微囊作为敏化剂加入乳胶基质中,得到含能微囊敏化的乳化炸药。对添加含能微囊的乳化炸药进行猛度、爆速和热稳定性试验,并与添加 TiH_2-玻璃微球敏化的乳化炸药的爆轰性能进行对比,为其在高能乳化炸药的配方设计与应用中提供依据。

5.6.2 乳化炸药样品的制备

5.6.2.1 爆炸材料

图 5-27 是乳化基质、玻璃微球、氢化钛和含能中空微囊的实物图和 SEM图。传统高能乳化炸药主要由乳化基质、敏化剂和含能添加剂三部分组成。乳化基质如图 5-27(a)所示,主要成分为硝酸铵(NH_4NO_3)、硝酸钠($NaNO_3$)、石蜡($C_{18}H_{38}$)、柴油($C_{12}H_{26}$)、乳化剂($C_{24}H_{44}O_6$)和水(H_2O),密度为 $1.34~g/cm^3$,各组分的质量比见表 5-15。如图 5-27(b)所示,玻璃微球是白色固体微球,是乳化炸药的常用物理敏化剂,平均粒径 $40~\mu m$,壁厚 $1\sim2~\mu m$,堆积密度为 $3.91~g/cm^3$。TiH_2 是黑色的不规则固体颗粒,平均粒径为 $32~\mu m$,储氢量为 3.85%,密度为 $4.5~g/cm^3$,用作乳化炸药的含能添加剂。含能中空微囊是球形复合微球,平均粒径 $110~\mu m$,微囊内含有戊烷气体和 TiH_2 颗粒。微囊的堆积密度为 $1.2~g/cm^3$,微囊内的 TiH_2 含量为 33%。

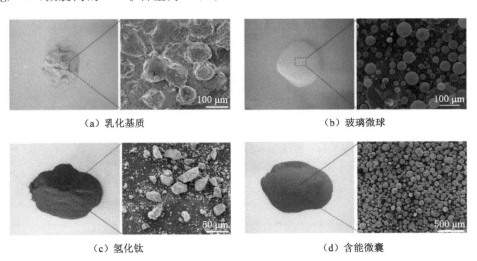

（a）乳化基质 （b）玻璃微球

（c）氢化钛 （d）含能微囊

图 5-27 乳化基质、玻璃微球、氢化钛和含能微囊的实物图和 SEM 图

表 5-15 乳化基质的组成成分

组分	NH_4NO_3	$NaNO_3$	$C_{18}H_{38}$	$C_{12}H_{26}$	$C_{24}H_{44}O_6$	H_2O
质量比	75%	8%	4%	1%	2%	10%

5.6.2.2　乳化炸药的配方

　　水下爆炸试验研究了玻璃微球和 TiH_2 的含量对玻璃微球-TiH_2 共同敏化乳化炸药的爆轰性能影响。玻璃微球和 TiH_2 颗粒在乳化炸药中的质量比均为 4％时,玻璃微球-TiH_2 共同敏化的乳化炸药的爆轰性能最佳。但是,当乳化炸药中的 TiH_2 含量从 2％增加到 4％时,试样的冲击波能、比气泡能和冲击波总能量只略微增加(分别增加了 2.4％、1.2％和 1.4％)。考虑到炸药的爆炸威力和乳化炸药的成本,玻璃微球-TiH_2 共同敏化的乳化炸药中玻璃微球和 TiH_2 粉末的最佳质量比分别为 4％和 2％。由于含能微囊中 TiH_2 的含量比为 33％,所以样本 A_3 中 6％的含能微囊中含有 2％的 TiH_2,因此样品 A_2 和 A_3 含有相同质量的 TiH_2。三种乳化炸药的配方见表 5-16。

表 5-16　三种类型的乳化炸药

样品	质量分数/％			
	乳胶基质	玻璃微球	TiH_2	含能微囊
A_1	96	4	0	0
A_2	94	4	2	0
A_3	94	0	0	6

5.6.2.3　乳化炸药样品的制备

　　玻璃微球敏化乳化炸药样品 A_1 的制备:将乳胶基质在恒温箱 50 ℃条件下加热 50 min,然后在乳化基质中按比例加入 4％的玻璃微球,在常温下搅拌均匀,制得玻璃微球敏化的乳化炸药。

　　玻璃微球-TiH_2 复合敏化储氢型乳化炸药样品 A_2 的制备:将乳胶基质在恒温箱 50 ℃条件下加热 50 min,然后在乳化基质中按比例加入混合均匀的 TiH_2 粉末和玻璃微球,在常温下搅拌均匀,制得玻璃微球-TiH_2 复合敏化高能乳化炸药,如图 5-28(a)所示,TiH_2 和玻璃微球在乳化基质中均匀分布。

　　微囊敏化的储氢型乳化炸药样品 A_3 的制备:乳胶基质在恒温箱 50 ℃条件下加热 50 min,向乳化基质中加入 6％的微囊,在常温下搅拌均匀,最后制得微囊敏化的高能乳化炸药,如图 5-28(b)所示,含能微囊在乳化基质中均匀分布。

5.6.3　猛度与爆速测试

　　猛度和爆速是衡量炸药爆炸威力的重要参数。利用猛度和爆速测量试验研究了含能中空微囊敏化的乳化炸药的猛度和爆速,并与玻璃微球-TiH_2 共同敏

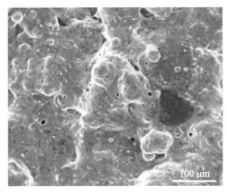 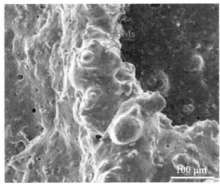

（a）玻璃微球-TiH$_2$ （b）微囊敏化的高能乳化炸药

图 5-28 两种类型的乳化炸药的 SEM 图

化的乳化炸药进行了比较,每种样品做三次试验。猛度和爆速试验均在如图 5-29所示的爆炸碉堡中进行。

图 5-29 爆炸试验碉堡

5.6.3.1 猛度测试

图 5-30 是铅铸压缩法试验装置示意图。乳化炸药的爆炸威力可以用猛度表示,猛度通常用铅铸压缩量来表示。将 50 g 制备好的乳化炸药样品装入纸筒中,样品的直径和铅铸的直径相同(均为 40 mm),未压缩铅铸的初始高度为 60 mm。在炸药样品和铅铸之间增加一块 10 mm 厚的钢板,通过雷管将乳化炸药引爆,使炸药的爆轰能量向铅铸均匀传递。

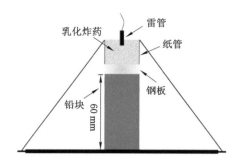

图 5-30　铅铸压缩法示意图

5.6.3.2　爆速测试

本书采用的是探针法测量炸药的爆速,图 5-31 是炸药爆速测量试验装置示意图。首先将乳化炸药样品装入长度为 350 mm、直径为 40 mm 的 PVC 管中,然后在 PVC 管上每隔 50 mm 打一个孔,将自制的压电探针插入孔中,然后将被测炸药置于爆炸碉堡中,最后利用多段智能爆速测量仪测量乳化炸药的爆速。

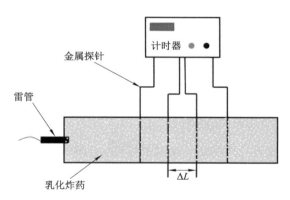

图 5-31　爆速测量示意图

5.6.3.3　试验结果分析

不同乳化炸药的典型爆炸参数见表 5-17。与玻璃微球敏化的乳化炸药相比,含能中空微囊敏化的乳化炸药的猛度提高了 45%,这是由于含能微囊内的 TiH_2 作为含能添加剂提高了炸药的爆热和爆轰反应度。与玻璃微球-TiH_2 敏化的乳化炸药相比,含能微囊敏化乳化炸药的密度从 1.13 g/cm³ 增加到 1.25 g/cm³。由图 5-32 和表 5-17 可知,含能中空微囊敏化敏化乳化炸药的猛度和爆轰速度分别是 23.5 mm 和 4 797 m/s,略高于玻璃微球-TiH$_2$ 敏化乳化炸药。这是由于含能微囊独特的空心结构可以节省高能添加剂 TiH$_2$ 单独加入所占据的体积,提高了炸药的装药密度,从而提高了乳化炸药的爆轰性能。

表 5-17 三种类型的乳化炸药的爆轰参数

样品	密度/(g/cm³)	猛度/mm	爆速/(m/s)
A$_1$	1.18	16.1±0.3	4 534±25
A$_2$	1.13	22.8±0.6	4 659±35
A$_3$	1.25	23.5±0.4	4 797±47

图 5-32 三种乳化炸药的猛度试验结果

5.6.4 乳化炸药热稳定性试验

热稳定性是高能乳化炸药的一个关键特性。为研究两种不同类型的高能乳化炸药的热稳定性,借助 TG/DSC 分析仪对两组乳化炸药进行非等温试验,升温速率分别为 5 ℃/min、10 ℃/min、20 ℃/min、30 ℃/min。乳化炸药的热分解是一个复杂的过程。虽然单凭活化能还不足以了解化合物的热分解过程和性质,但活化能是化合物开始分解所需要的临界能量,其值将反映样品的热稳定性。为了进一步分析包覆和未包覆 TiH$_2$ 对乳液基质热分解的影响,采用 Flynm-Wall-Ozawa 法计算两种乳化炸药的活化能,方程如下:

$$\lg \beta = \lg \frac{AE}{RG(\alpha)} - 2.315 - 0.456\ 7\ \frac{E}{RT} \tag{5-2}$$

式中,β 是加热速率;A 是指前因子;E 是活化能;R 通用气体常数;$G(\alpha)$ 是机理函数。$\lg \beta$ 与 $1/T$ 用来获取每个转换步骤的活化能。

图 5-33 是两种不同乳化炸药在 10 ℃/min 升温速率下的 DSC 曲线。含能中空微囊敏化的乳化炸药初始分解温度从 234 ℃ 增加到 248 ℃,最大热流从 0.96 W/g 降低到 0.27 W/g。最可能的原因为:当 TiH$_2$ 粒子作为含能添加剂直接添加到乳化炸药中,未经包覆的 TiH$_2$ 比表面积大和表面活性高,直接与乳化基质接触,不规则的 TiH$_2$ 颗粒可能造成乳化基质破乳析晶。而前期研究表明, TiH$_2$ 及其氧化物可以加速硝酸铵的分解,所以玻璃微球-TiH$_2$ 敏化的乳化炸药初始热分解温度低、热流大。将 TiH$_2$ 包封在微囊中后,PMMA 的聚合物壳体可以防止在微囊内的 TiH$_2$ 粉体与乳化基质直接接触和反应,从而提高乳化炸药的热稳定性。

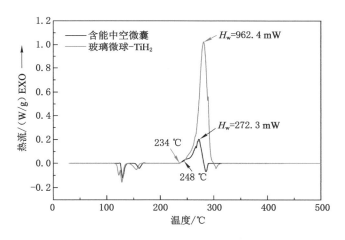

图 5-33　两种类型的乳化炸药的 DSC 曲线

图 5-34 是乳化基质分别和玻璃微球-TiH$_2$ 和含能中空微囊在不同升温速率下的 TG 曲线。通过提取图 5-34 中数据计算得到两种乳化炸药在 N$_2$ 氛围中的活化能曲线,如图 5-35 所示($\alpha=0.2 \sim 0.7$)。在相同转化率下,含能中空微囊敏化的乳化炸药的活化能明显高于玻璃微球-TiH$_2$ 敏化的乳化炸药,说明含能中空微囊敏化乳化炸药的热稳定性明显优于玻璃微球-TiH$_2$ 敏化乳化炸药。但是,当温度达到 240 ℃ 时,乳化炸药的质量损失超过 60%,含能中空微囊敏化乳化炸药的活化能降低(图 5-35)。从图 5-34(b)中我们发现含能中空微囊的 PMMA 壳在 240 ℃ 开始分解,包覆膜的功能结构受损,丧失保护作用,然后封装在微囊内的 TiH$_2$ 颗粒将直接与乳胶基质中的硝酸铵接触,加速分解反应的进程。

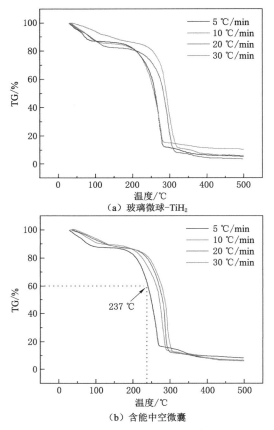

（a）玻璃微球-TiH$_2$

（b）含能中空微囊

图 5-34　乳化基质分别和玻璃微球-TiH$_2$ 和含能中空微囊在不同升温速率下的 TG 曲线

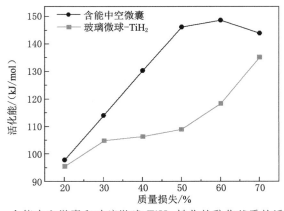

图 5-35　含能中空微囊和玻璃微球-TiH$_2$ 敏化的乳化基质的活化能曲线

5.7　TiH$_2$型储氢乳化炸药冲击起爆机理研究

5.7.1　引言

炸药的冲击波感度是指炸药在外界冲击波的加载下发生爆炸的难易程度，是炸药的一个非常重要的特性。在生产乳化炸药时需人为地向其中加入敏化剂以生成气泡，在受到冲击作用时，这些气泡会转变为"热点"，炸药可能会发生意外爆炸，另外向其中加入的金属氢化物 TiH$_2$ 会增加颗粒之间的摩擦作用，大大增加了意外爆炸的风险。因此，研究 TiH$_2$ 型储氢乳化炸药冲击起爆不仅可了解炸药爆轰特性，而且对安全生产与使用有着重要的实际意义。

近年来，关于炸药的冲击起爆现象的研究已成为爆轰课题领域中的热点，国内外学者对此进行了大量的研究。这些研究使得研究人员对炸药冲击起爆现象有了深入的认识，但是炸药的冲击起爆包含复杂力学过程、快速燃烧化学反应等行为，并且前人大多对军用炸药进行研究，而对乳化炸药的相关研究甚少，因此有必要对乳化炸药的冲击起爆进行试验研究。

常用测量炸药冲击波感度的试验包括隔板试验、水中爆炸试验、猎枪试验以及殉爆等试验。研究人员使用小尺度间隙试验研究了复合固体推进剂在冲击波作用下的爆轰感度，研究了钢壳中圆柱形炸药（64％RDX，20％Al，16％HTPB）的殉爆特性。因此本节采用上一节测试所使用的样品，通过采用结合比色测温技术的改进隔板试验测量待测炸药发生爆轰的隔板厚度和"热点"温度分布，并利用 LS-DYNA 软件建立数值计算模型，模拟孔洞塌缩过程，了解冲击起爆机理，从而为评价 TiH$_2$ 型储氢乳化炸药冲击起爆特性提供依据。

5.7.2　冲击起爆隔板试验

传统的隔板试验包含小隔板试验、大隔板试验以及水中爆炸隔板试验。在一定的冲击强度作用下，通过改变隔板不同厚度来测量炸药是否发生爆炸的临界隔板厚度。判断小隔板和大隔板试验炸药发生爆轰的依据分别是验证板上的凹痕体积以及圆孔。但是该方法只能了解炸药的起爆感度，而不能深入研究炸药起爆的具体成长过程，因此本节采用改进的隔板试验，使用高速相机拍摄起爆过程，并利用比色测温技术研究在爆轰成长过程中的炸药温度发展情况，试验结果有利于更全面地了解乳化炸药冲击起爆，评价其安全特性。

5.7.2.1　试验装置及测试系统

试验采用改进隔板试验装置，将 50 g 乳化炸药放在两块隔板中间，压制出

0.5 cm 的装药高度。隔板采用边长为 10 cm、厚度 1 cm 的 PVC 塑料板,通过改变钻孔深度来调整冲击强度。冲击起爆试验装置如图 5-36 所示。

(a)　　　　　　　　　　　(b)

图 5-36　冲击起爆试验装置

通过螺丝将乳化炸药固定在两块隔板中间,确定起爆时能受到稳定冲击,将导爆管雷管固定在钻孔中,提供冲击波能量,前隔板为全透明,为高速相机拍摄炸药提供视窗,后隔板为全黑色,以防止雷管爆炸产生的光对高速相机和试验测温产生误差影响,冲击起爆测试系统如图 5-37 所示。

图 5-37　冲击起爆测试系统

此外,比色测温系统由高速相机、镜头、计算机及自编测温程序构成。高速相机采集数字图像信号,计算机及自编 Python 测温程序对数字图像信号进行图像处理、温度场计算以及可视化显示。在进行试验前,保持测试系统处于无光黑暗的环境,这样可以避免其他可见光对试验造成干扰。组装好高速相机后,调整好相机的角度和镜头的焦距,使得被测物体清楚地呈现在屏幕上。

5.7.2.2　试验方法

由普朗克辐射定律可知,物体表面光谱辐射亮度为:

$$L(\lambda, T) = \varepsilon(\lambda, T) \frac{c_1}{\pi} \lambda^{-5} \left(e^{\frac{c_2}{\lambda T}} - 1 \right)^{-1} \tag{5-3}$$

式中,$\varepsilon(\lambda, T)$ 为光谱发射率;c_1 为普朗克第一常数,$c_1 \approx 3.742 \times 10^{-16}$ m · K;c_2 为普朗克第二常数,$c_2 \approx 1.438\,8 \times 10^{-2}$ m · K;T 为温度,K;λ 为波长,m;$L(\lambda, T)$ 为

光谱辐射亮度，$W/(m^2 \cdot sr)$。

在波长 $\lambda < 780$ nm 可见光范围内，温度 $T < 3\ 400$ K 时，普朗克辐射定律可以由维恩辐射定律代替：

$$M(\lambda, T) = \frac{\varepsilon(\lambda, T) c_1}{\lambda^5 e^{\frac{c_2}{\lambda T}}} \tag{5-4}$$

式中，$M(\lambda, T)$ 为单色光谱出射度。

高速相机的 CMOS 传感器 R、G、B 三通道响应波长在 $380 \sim 780$ nm，可采用维恩公式计算亮度。假设相机在 $\lambda = [\lambda_1, \lambda_2]$ 的可见光谱范围内响应函数是 $h(\lambda)$，则相机输出该点的灰度值为：

$$H = \frac{\pi}{4} A U t \left(\frac{2a}{f'}\right)^2 \int_{\lambda_1}^{\lambda_2} K_T(\lambda) E_t(\lambda) h(\lambda) \, d\lambda \tag{5-5}$$

式中，A 为光敏单元输出电流和图像灰度值之间转换系数；U 为光电转换系数；t 为曝光时间，s；f' 为镜头焦距；a 为镜头的出射光瞳半径；$K_T(\lambda)$ 为镜头的光学透过率；$h(\lambda)$ 为光谱响应函数；λ_1、λ_2 为互补金属氧化物半导体传感器感光的波长上下限。

将红绿蓝（R、G、B）三种基色的波长代入式（5-5)，然后用三基色中的任意两色相比，如 R、G 灰度相比可得出：

$$T = \frac{c_2\left(\dfrac{1}{\lambda_g} - \dfrac{1}{\lambda_r}\right)}{\ln \dfrac{H_r}{H_g} - \ln \dfrac{K_r}{K_g} - \ln \dfrac{\varepsilon(\lambda_r, T)}{\varepsilon(\lambda_g, T)} - 5\ln \dfrac{\lambda_g}{\lambda_r}} \tag{5-6}$$

式中，K_r、K_g、K_b 为 R、G、B 通道比例系数，令 $K = \ln \dfrac{K_r}{K_g} + \ln \dfrac{\varepsilon(\lambda_r, T)}{\varepsilon(\lambda_g, T)}$ 得：

$$T = \frac{c_2\left(\dfrac{1}{\lambda_g} - \dfrac{1}{\lambda_r}\right)}{\ln \dfrac{H_r}{H_g} + 5\ln \dfrac{\lambda_r}{\lambda_g} - K} \tag{5-7}$$

K 值为修正值，它与相机参数、曝光时间、被测物体的光谱发射率有关，当相机传感器确定之后，其光谱响应特性也随之确定，仅与传感器的感光特性有关，可以用钨丝灯试验标定。从理论上说，只要知道三通道灰度值 H，就可以计算出该点的温度值。

5.7.2.3　试验结果分析

首先对隔板厚度为 10 mm（钻孔深度为 0 mm）的空白乳化炸药进行试验，由于使用 8 号导爆管雷管，其穿透力为 5 mm 铅板，而隔板厚度太大，因此未能使乳化炸药正常爆轰，高速相机未能拍摄到其爆轰现象，其隔板试验结果如

图 5-38 所示。从图中可以看到,雷管爆炸后未能穿透 PVC 板,但其产生的冲击波使得乳化炸药发生不完全爆轰,最终将隔板炸裂。这是因为乳化炸药受到低压作用,其内部的部分玻璃微球受到破坏,但由于冲击强度太低,此时产生的"热点"升温不足以使乳化炸药完全爆轰。另外观察残余乳化炸药发现,乳化炸药中的基质在动压作用下发生了严重失水并且变硬,这说明动压使乳化基质絮凝和聚结,出现破乳析晶现象。造成这种现象的原因是乳化炸药在冲击波的作用下,基质内部的分散相和连续相发生相对运动,造成部分油膜破裂,水分蒸发以及分散相聚结,乳化基质体系变得不均匀,硝酸盐析出发生破乳现象。

图 5-38　钻孔 0 mm 冲击起爆结果图

为进一步研究乳化炸药冲击起爆现象,将板厚调整为 8 mm(钻孔深度 2 mm),空白乳化炸药和添加 7.6 μm 6%TiH$_2$ 乳化炸药冲击起爆试验结果如图 5-39 所示。从图中可以看到,空白乳化炸药和添加 7.6 μm 6%TiH$_2$ 乳化炸药在受到冲击作用后均发生反应,但由于冲击能量不足,反应区增长缓慢,在 17.4 μs 时,空白乳化炸药发生爆轰现象,而加入 TiH$_2$ 乳化炸药的反应区在 11.6 μs 后逐渐消失,以至于发生不完全爆轰现象。试验结果表明,相较于空白乳化炸药,添加 TiH$_2$ 后乳化炸药起爆可能需要更多的能量。另外在空白乳化炸药 11.6 μs 时发现了一个光圈,分析认为在炸药反应的初始阶段,爆轰波与初始反应区并未完全分离开,光圈代表爆轰波与反应区的前沿部位。

为验证上一试验的结果,最后对板厚为 5 mm(钻孔深度 5 mm)的两种乳化炸药样品冲击起爆现象进行研究,试验结果如图 5-40 所示。空白乳化炸药在经过冲击作用后,首先在受冲击部位发生局部反应,并逐渐生长发生爆轰。相比于图 5-39(a)中板厚为 8 mm 的空白乳化炸药,板厚为 5 mm 的炸药反应区面积更大、亮度更强,并在 17.4 μs 后发生完全爆轰反应,同时 11.6 μs 时刻发现了一个比图 5-39(a)中更明显的光圈,这是由于此时炸药爆轰反应更剧烈,产生较强的光对相机起到一定干扰作用,后续试验时将采用滤光片或者减小相机镜头光圈等措施来进行相应的光衰减。通过比例计算得到光圈的传播速度为 4 380

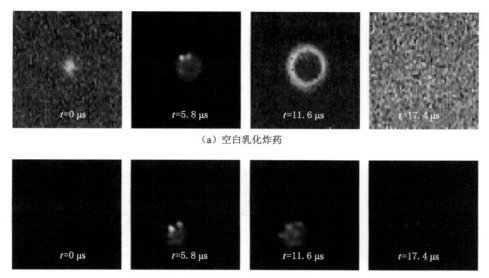

（a）空白乳化炸药

（b）添加7.6 μm 6%TiH₂乳化炸药

图 5-39　钻孔 2 mm 冲击起爆结果图

m/s，与乳化炸药爆速极为接近，下面将对炸药爆速进行测试以对其进行验证。另外对比图 5-40（b）和图 5-39（b），试验结果表明：虽然板厚减小，冲击能量增强，使得板厚为 5 mm 的含 TiH₂ 乳化炸药反应区面积有所增大，但其在经过初始反应后均发生不完全爆轰，这说明相对于空白乳化炸药的冲击起爆，添加 6% TiH₂ 的乳化炸药更难被起爆，炸药需要的起爆能量更强。产生该现象的原因可能是 TiH₂ 颗粒的破碎会消耗一部分能量，此外 TiH₂ 颗粒的放氢吸热过程减少了体系热积累，降低了乳化炸药中局部"热点"的形成概率。因此，TiH₂ 型储氢乳化炸药的冲击感度低，更难被起爆。

试验利用比色测温技术对高速相机记录的炸药冲击起爆过程图像进行处理计算，得到了对应的爆炸温度云图，隔板厚度为 5 mm 的冲击起爆温度云图如图 5-41 所示。从图中可以看出，炸药在受到初始冲击载荷作用后，在受冲击部位形成局部的高温区域，约 3 000 K，随后高温区域周围的炸药受热开始燃烧并释放能量。对比发现，空白乳化炸药受热后反应迅速，反应面积迅速增大，对反应区的传播进行能量补充，使燃烧逐步发展为稳定的爆轰；而添加 6% TiH₂ 的乳化炸药的反应区面积扩张缓慢，反应区温度逐渐下降，这导致没有足够的能量对后续反应进行补充，造成反应区逐渐消散，最终发生不完全爆轰。

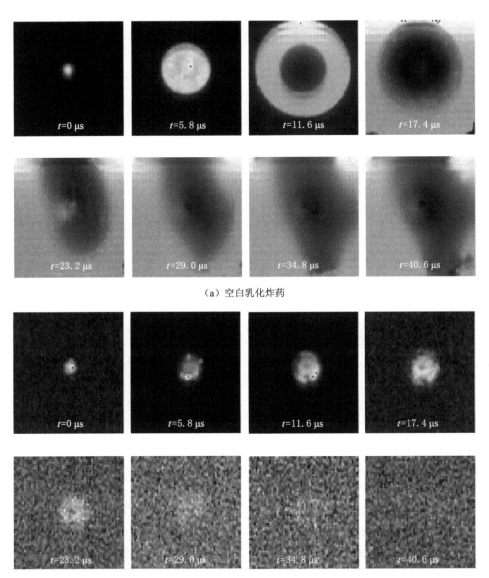

（a）空白乳化炸药

（b）添加7.6 μm 6%TiH$_2$乳化炸药

图 5-40 钻孔 5 mm 冲击起爆结果图

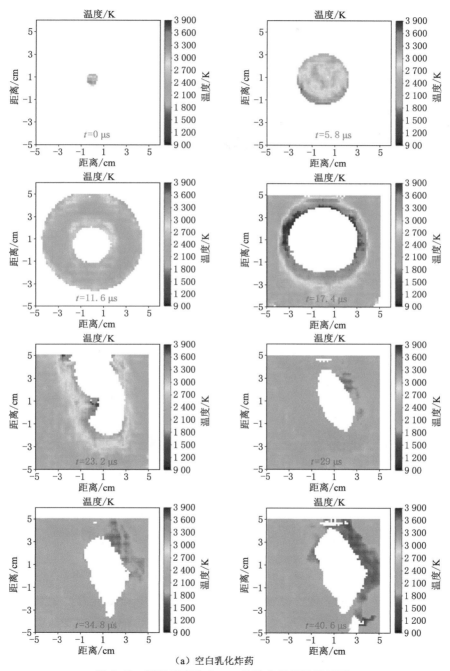

（a）空白乳化炸药

图 5-41　隔板厚度为 5 mm 的冲击起爆温度云图

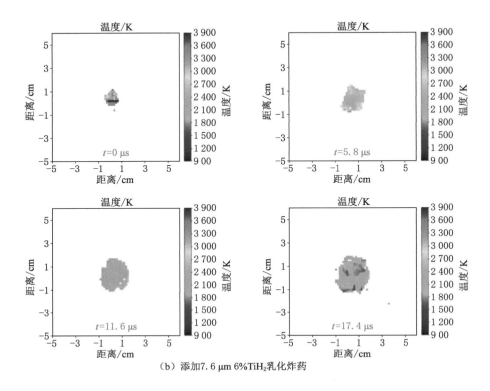

（b）添加7.6 μm 6%TiH$_2$乳化炸药

图 5-41 （续）

5.7.3 爆速测试试验

爆速是爆轰波在炸药中的传递速度。爆轰波带有高速的化学反应区，为验证上述光圈是否为爆轰波传播前沿，对炸药样品进行了爆速测试试验。炸药爆速的测量方法有许多种，其中测时仪法最常用且数据准确，因此本试验将采用测时仪法对乳化炸药的爆速进行测试。

5.7.3.1 试验原理

测时仪法测量爆速的测试原理如下：在起爆炸药后，爆炸产生的爆轰波和爆炸产物便沿着药柱进行传播，当爆轰波传递到 A 点时，爆轰产生的高温高压产物会使得探针表层的绝缘层熔化，这样 A 点处绝缘的一对探针将处于导通状态，并转化为电信号到爆速仪，记下开始时间，同理，当爆轰波到达 B 点时，B 点传递出信号，此时爆速仪记下结束时间。这样爆速仪就测量出了爆轰波经过 AB 探针的时间间隔，在已知 AB 探针间距的情况下，可通过式（5-8）计算出爆速：

$$D = \frac{L}{t} \tag{5-8}$$

式中，D 为被测试炸药的爆速，m/s；L 为两探针间距离，m；t 为爆轰波从 A 传播到 B 的时间，s。每组爆速试验做两次，结果取其平均值。

5.7.3.2　试验方法

爆速测试试验装置如图 5-42 所示。

图 5-42　爆速测试试验装置图

① 将乳化炸药制作成直径为 32 mm、长度为 240 mm 的药卷。最靠近起爆点的探针距离雷管底部不小于 2 倍药卷直径，本试验共插入 3 根探针，首先将 1 根探针插入距药卷尾端 30 mm 位置，并从此点位置依次向起爆点量取 50 mm 插入探针。

② 插好雷管，将待测药卷的引线和爆速仪信号线一一对应连接。

③ 安装调试好爆速仪，将爆速仪调到微秒挡，复位，等待测爆速。

④ 起爆药卷，记录爆速仪数据。

5.7.3.3　试验结果

试验测得乳化炸药爆速为 4 775 m/s，与上文计算得到光圈的传播速度 4 380 m/s 相差 395 m/s。这是因为爆速试验时炸药前端留有足够的反应距离，因此测得的爆轰波传播速度为稳定传播速度，而冲击试验炸药尺寸较小，爆轰波未达到稳定状态，因此其数值相较于爆速试验测得的数值略小。

5.7.4　冲击起爆数值模拟

近年来数值模拟技术已随着计算机求解能力的快速提升而得到了大范围的使用，数值模拟技术现已被广泛作为试验研究与理论分析之间的桥梁，研究人员可以建立符合实际研究的物理模型,简单便捷地模拟出相应的结构变形与破坏过程。大量的研究人员已运用数值模拟技术研究炸药内孔洞对其冲击起爆特性的影响,但对于乳化炸药相应的研究则较少。本书将利用数值模拟技术将乳化炸药内部中空玻璃微球受冲击波作用而产生孔洞塌缩的过程展现出来,模拟结果不仅有利于了解乳化炸药的冲击起爆过程,更能对分析热点理论提供一定的参考价值。

LS-DYNA 是近年来被研究人员使用最广泛的有限元分析软件,其中包含上百种材料参数,并且内含多种显示算法,尤其适合用来求解爆炸、碰撞以及冲击等大变形非线性问题。本书将利用 LS-DYNA 软件模拟研究乳化炸药内部玻璃微球在冲击压缩作用下发生塌缩的现象。

5.7.4.1　有限元模型的建立

本模拟选用贴近试验的乳化炸药参数,密度 $\rho = 1.30$ g/cm³,中空玻璃微球密度约为 0.23 g/cm³,外径 55 μm,壁厚 2 μm。为提高计算速度,本模型选择二维实体单元,即 LS-DYNA 中的 2D SOLID 162 单元,并选择平面应变模型(Plane Strain Z=0)。模型以中空玻璃微球为中心,微球内部填充空气,周围被乳化炸药包围,炸药最外层为空气域。模型尺寸如下:最外层空气域为外径 200 μm、内径 100 μm 的圆环,乳化炸药为外径 100 μm、内径 55 μm 的圆环,玻璃微球外径 55 μm、厚度 2 μm、内部填充空气。具体模型如图 5-43 所示。

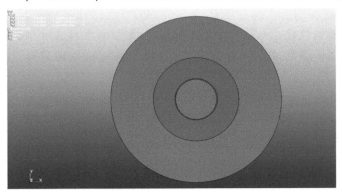

图 5-43　单孔结构的二维有限元仿真模型

LS-DYNA 拥有多种类型的计算方法,包括拉格朗日、欧拉、ALE 以及 SPH 等。为避免计算过程网格出现负体积干扰计算结果,因此乳化炸药和空气采用任意拉格朗日-欧拉算法,而玻璃微球使用拉格朗日算法,使用 * CONSTRAINED_LAGRANGE_IN_SOLID 关键字对流体与固体之间进行流固耦合,以传递压力,空气外层设置二维无反射界面。

数值模拟计算结果不仅取决于算法,更依靠合理的网格划分。网格划分小虽然会得到较为准确的计算结果,但相应的求解时间太长、效率低。而大的网格划分提高了计算效率,但会导致计算结果在一定程度上失真。因此,要根据具体模型以及计算要求合理选择模型尺寸。本书主要模拟玻璃微球的塌缩过程,因此炸药和空气网格尺寸可以相对较大,而玻璃微球选择高精度网格。图 5-44 为该模型具体网格划分示意图。

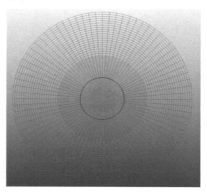

图 5-44　单孔结构的二维网格划分

5.7.4.2　材料模型及其参数的选取

（1）空心玻璃微球的材料模型及状态方程

研究人员在对硬脆性材料进行数值模拟时,常用的模型包括 MAT_JOHN-SON_HOLMQUIST(JH)模型和 MAT_JOHNSON_HOLMQUIST_CERAM-ICS(JH-2)模型。对比于 JH 模型,JH-2 模型不仅能模拟硬脆性材料的变形,而且还增加了材料累计损伤以及强度标准参数,可以较好地模拟出硬脆性材料在压力作用下的变形破碎状态。因此本书选用 JH-2 模型来模拟空心玻璃微球,表 5-18 列出了玻璃微球的 JH-2 参数。

表 5-18　玻璃微球材料的 JH-2 本构模型参数

$\rho/(kg/m^3)$	剪切模量/GPa	抗拉强度	A	B	C	M	N
3 215	183	0.37	0.96	0.35	0.0	1.0	0.65
HEL/GPa	D_1	D_2	K_1	K_2	K_3	/	/
11.7	0.48	0.48	204.875	0	0	/	/

（2）炸药模型以及状态方程

模拟炸药常用模型包括 MAT_ELASTIC_PLASTIC_HYDRO 模型和

MAT_HIGH_ EXPLOSIVE_BURN 模型,本书选择最常用的 MAT_HIGH_EXPLOSIVE_BURN 模型,通过修改 K 文件中的参数来模拟乳化炸药。此外,炸药状态方程选择经典的 JWL 方程,其方程如下:

$$P = A\left(1 - \frac{\omega}{R_1 V}\right) e^{-R_1 V} + B\left(1 - \frac{\omega}{R_2 V}\right) e^{-R_2 V} + \frac{\omega E}{V} \tag{5-9}$$

式中,P 为爆轰压力;V 为相对比容;E 为单位体积内能;A、B、C、R_1、R_2、ω 为炸药待定参数。

模拟炸药所使用的 JWL 参数被列在表 5-19 中。

表 5-19　炸药 JWL 状态方程参数

参数	D	P_{CJ}	ρ_0	A	B	R_1	R_2	ω	E	V
数值	0.47	7.4	1.3	0.01	0.13	8	2.95	0.07	0.054	1.0

（3）空气模型及状态方程

空气材料在数值模拟时一般选择为空白材料模型 MAT_NULL,其对应的状态方程为 *EOS_LINEAR_POLYNOMIAL。其状态方程具体如下:

$$P = C_0 + C_1\mu + C_2\mu^2 + C_3\mu^3 + (C_4 + C_5\mu + C_6\mu^2) E_0 \tag{5-10}$$

式中,$\mu = \frac{1}{V} - 1$;P 为爆轰压力;E 为单位体积内能;V 为相对比容。

表 5-20 列出了本节数值模拟所使用的空气材料参数。

表 5-20　空气材料参数和状态方程值

参数	密度 /(kg/m³)	C_0	C_1	C_2	C_3	C_4	C_5	C_6	ω	E	V
数值	1.225	0	0	1.2	0	0.4	0.4	0	0.35	4.192	1.0

5.7.4.3　分析与讨论

在建模和 K 文件参数修改完成后,使用 LS-Run 求解器对 K 文件进行求解计算,并在后处理软件 LS-PrePost 中打开查看求解结果,分析乳化炸药中空心玻璃微球的塌缩过程。图 5-45 是空心玻璃微球孔洞塌缩的模拟结果。为了能更直观地观察玻璃微球的塌缩过程,因此在模拟结果中只展现了玻璃微球。

图 5-45(a)～(d)分别所示为 $t = 0.004~\mu s$、$0.011~\mu s$、$0.020~\mu s$、$0.028~\mu s$ 时刻空心玻璃微球的孔隙塌缩情况。图 5-45(a)所示为冲击压力刚到达玻璃微球的壁面,此时为微球塌缩的开始时刻。图 5-45(b)～(c)所示为玻璃微球在压力作用下,不断向内压缩,发生塑性变形。随着冲击波的连续作用,玻璃微球持续地被压缩,直

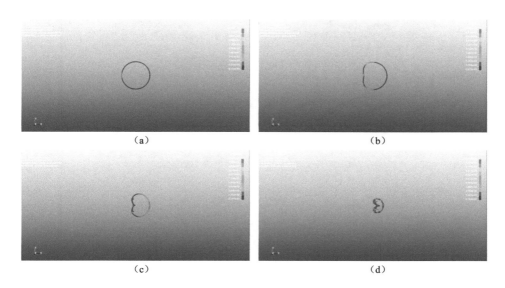

图 5-45　孔隙塌缩过程

到达到其断裂强度,最终在 0.028 μs 时刻发生破裂,孔隙塌缩过程结束。

　　图 5-46 为爆轰波作用下的模型压力云图。从图中可以看到,爆轰波在传递的过程中,其前沿与玻璃微球接触,一部分会压缩玻璃微球使其塌缩,另一部分会沿着玻璃微球的外表面发生反射,再次传播进乳化炸药内部。此外可以发现,爆轰波与玻璃微球接触的前沿处压力水平较高,这将使得该部分区域温度急剧升高,促使四周的乳化炸药产生化学反应。另外,玻璃微球内部包含一定含量的空气,当玻璃微球破碎后,其内部的高温气体也将加速基质反应速率,使其最终发生爆轰。

图 5-46　模型压力云图

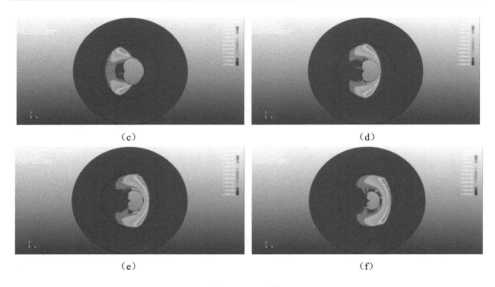

(c)　　　　　　　　　　　　　　　(d)

(e)　　　　　　　　　　　　　　　(f)

图 5-46　（续）

5.8　TiH₂ 型储氢乳化炸药爆轰特性及后燃效应研究

5.8.1　引言

前文分别使用热分析试验、隔板试验和数值模拟的方法研究了 TiH_2 型储氢乳化炸药的热稳定性以及其在冲击波加载下的安全特性。为研究高能钝感乳化炸药，还需了解其爆轰特性。目前，主要通过爆速、猛度、空中爆炸以及水下爆炸等试验来研究乳化炸药的爆轰性能。储氢乳化炸药是在乳化炸药的配方中加入金属氢化物粉末作为高能添加剂，在炸药起爆后，其中的金属氢化物被抛撒开来，在高温环境下与四周空气发生反应，而燃烧产生的热量可为冲击波的后续传递做出贡献。由于金属颗粒参与反应，而反应又在不同程度上受到颗粒的粒径与形状、炸药成分等因素的影响，间接影响了炸药做功能力，因此，无论是研究高能钝感乳化炸药爆轰性能还是对爆轰现象进一步进行认识，开展爆轰作用场的研究是很有必要的。相对于其他几种试验方法，空中爆炸试验操作简单，爆轰特性数据全面，并且有利于观察爆炸后的后燃效应，同时可以结合上一节的比色测温技术来研究爆炸温度场。本节正是在这样的前提下，利用理论分析与试验结果相结合的方法，研究加入不同 TiH_2 含量和粒径对 TiH_2 型储氢乳化炸药空中爆炸后的爆炸冲击波的释能规律及其后燃效应的影响规律。

5.8.2　TiH₂ 型储氢乳化炸药爆轰特性研究

炸药在自由场中发生爆炸后,会瞬间生成高温、高压产物,并且会快速压缩四周的空气,由此形成冲击波,因此冲击波参数通常体现炸药的做功能力。为了了解 TiH_2 型储氢乳化炸药的爆轰特性,可利用空中爆炸试验测量冲击波的压力,绘制压力时程曲线(p-t),计算得到与之相应的冲击波峰值超压、正相作用时间、正向冲量等评价冲击波损伤能力的重要参数,进而研究空中爆炸冲击波能量释放过程,了解 TiH_2 对乳化炸药爆轰特性的影响规律。

5.8.2.1　试验装置及测试系统

采用空中自由场爆炸试验对不同配方的乳化炸药冲击波压力进行研究,并利用冲击波压力测试系统对数据进行采集分析。以 20 g TiH_2 型储氢乳化炸药为被测药,药包直径为 34 mm,药包密度 $\rho = 1.30$ g/cm³,如图 5-47 所示。采用 8 号导爆管雷管进行起爆,试验时将雷管插入药包三分之一处,通过胶带缠绕,竖直悬挂在试验装置上,使得药包中心位置距水平地面的高度约 0.5 m。以药包中心所在位置为圆点,在其水平距离为 0.7 m 处搭设传感器,并且要使传感器的作用面与水平面齐平,如图 5-48 所示。使用胶带将传感器固定在支架上,防止传感器抖动影响试验数据,在压力采集系统连接完成后起爆雷管。通过压力采集系统记录不同配方炸药爆炸的压力数据,研究 TiH_2 含量和粒径对乳化炸药冲击波压力的影响规律。

图 5-47　乳化炸药球形药包

空中爆炸冲击波压力测量是利用压力传感器采集炸药爆炸的冲击波压力信号,通过元件转变为电信号,之后由示波器对此电信号进行转换、处理、记录,最后可以得到冲击波压力时程曲线、冲击波正压作用时间、峰值超压以及正向冲量等参数值。试验中的冲击波参数测试系统主要包括 PCB 压电式压力传感器、恒流源以

图 5-48　空中爆炸试验装置实物图

及 HDO403A 数字储存示波器,如图 5-49 所示。具体试验数据获取过程为炸药被引爆后,爆炸产生的空气冲击波扫掠过压力传感器的工作表面,由压力传感器所测得的压力信号通过低噪声电缆传给恒流源,经过恒流源对信号进行转化,然后在示波器上显示冲击波波形并存储。最后通过 Origin 软件对数据进行处理,可得到需要的冲击波超压、正向冲量、正压作用时间以及冲击波压力-时间曲线。

（a）恒流源　　　　　　　　　　　　（b）示波器

图 5-49　恒流源和示波器

5.8.2.2　TiH₂ 含量和粒径对爆炸冲击波特性的影响

（1）不同含量 TiH₂ 对爆炸冲击波参数的影响

在所加 TiH_2 粒径为 7.6 μm 前提下,A_1(空白乳化炸药)、A_2(TiH_2 含量为 2%)、A_3(TiH_2 含量为 4%)、A_4(TiH_2 含量为 6%)和 A_5(TiH_2 含量为 8%)样品在空中自由场爆炸后冲击波压力-时间曲线(p-t)如图 5-50 所示。一般根据冲击波超压峰值、正相作用时间、正向冲量来衡量冲击波对目标的做功能力,其数值可根据测点处的 p-t 曲线获得,具体试验结果如图 5-51 所示。

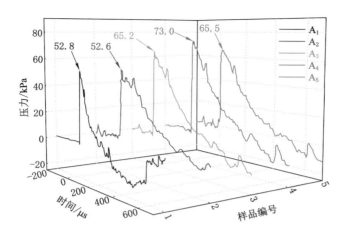

图 5-50　加入不同含量 TiH₂ 的乳化炸药压力-时间曲线

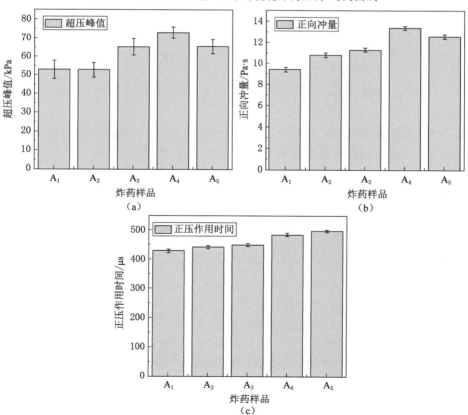

图 5-51　加入不同含量 TiH₂ 的乳化炸药超压峰值、正向冲量以及正压作用时间

从图 5-50 中可以看出,添加不同含量 TiH_2 型储氢乳化炸药的压力-时间曲线总体趋势一致,但超压峰值有很大差别。另外从图 5-51 可以看到,随着 TiH_2 含量的增加,乳化炸药的超压峰值与正向冲量呈现先增大后减小的规律,而添加 $2\%TiH_2$ 的峰值压力较空白乳化炸药无明显变化。TiH_2 作为储氢材料,其中的氢主要以固溶体的形式存在,爆轰提供的高温使 TiH_2 迅速形成元素 Ti 和游离 H_2,然后 H_2 迅速参与后燃反应,增加爆轰压力。每组炸药样品的质量固定,当加入的 TiH_2 含量较低时,TiH_2 对冲击波压力的提升作用会与其减少的基质作用相抵消,从而未能起到相应的作用,但随着 TiH_2 含量的进一步增加,其对冲击波压力的促进作用克服了因基质减少的衰减作用,并且冲击波峰值压力和冲量在 TiH_2 含量为 6% 时达到最大值 73.0 kPa 和 13.4 Pa·s,相较于空白乳化炸药提高了 38.3% 和 42.6%。随着 TiH_2 含量的继续增大,冲击波超压峰值和正向冲量开始出现下降。通过对乳化炸药配方氧平衡进行计算,可得空白乳化炸药的氧平衡为 -2.38%,向其中加入 TiH_2 后会使其氧平衡降低,随着 TiH_2 添加量的增多,负氧程度越严重,这导致炸药反应不完全,并且过多的 TiH_2 加入还会降低基质的含量,使得初始爆轰释放的能量减少。同时,过量的 TiH_2 颗粒吸热,只有少量粒子达到反应阈值放出热量,因此过多的 TiH_2 不仅不会发生反应为冲击波贡献能量,还会吸收爆轰反应区热量,对提高乳化炸药的做功能力起到相反作用,从而导致峰值超压开始下降。

相对于超压峰值和正向冲量,正压作用时间是另一个有效衡量冲击波做功能力与相应毁伤效应的重要参数。从图 5-51(c) 中可以发现,随着 TiH_2 含量的不断加大,乳化炸药冲击波的正压作用时间也在不断增加,在 $8\%TiH_2$ 含量时并未出现下降趋势,这是因为 TiH_2 作为金属氢化物在炸药爆炸过程中参与爆轰波阵面后的二次反应,通过 TiH_2 颗粒氧化燃烧放热、补充能量,使得冲击波的压力和冲量在传播过程可以维系较长时间。另外从图 5-50 冲击波参数变化规律中可发现,当 TiH_2 含量从 2% 增加到 4% 时,冲击波超压迅速增高而正压作用时间增幅较小,当 TiH_2 含量从 6% 增加到 8% 时,正压作用时间基本不变。这是因为少量的 TiH_2 燃烧产生的热量差别不大,对冲击波的持续作用影响较小,而 TiH_2 过量会吸收系统能量,使得正压作用时间基本不变。

(2) 不同粒径 TiH_2 对爆炸冲击波参数的影响

由上文可知,在所加 TiH_2 含量为 6% 时,乳化炸药爆轰特性最优,因此在研究不同粒径 TiH_2 对爆炸冲击波参数的影响时,TiH_2 含量统一为 6%,A_4(TiH_2 粒径为 7.6 μm)、A_6(TiH_2 粒径为 33.7 μm)、A_7(TiH_2 粒径为 50.1 μm)和 A_8(TiH_2 粒径为 120 μm)样品在空中自由场爆炸后冲击波压力-时间曲线如图 5-52 所示。图 5-53 所示为不同配方的乳化炸药爆炸后的超压峰值、正向冲量以及正压作用时间。

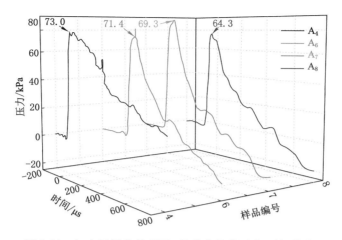

图 5-52   加入不同粒径 TiH_2 的乳化炸药压力-时间曲线

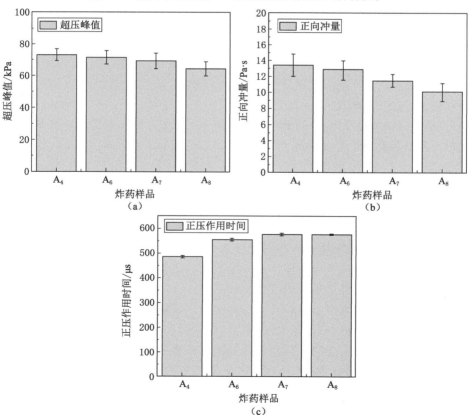

图 5-53   不同粒径 TiH_2 的乳化炸药超压峰值、正向冲量以及正压作用时间

从图 5-53(a)和(b)中可以看出,添加不同粒径 TiH_2 的乳化炸药冲击波超压峰值以及正向冲量随着 TiH_2 粒径的增大呈现出一直降低的趋势,添加 7.6 μm TiH_2 的乳化炸药超压峰值最高。另外从图 5-53(c)中可以看出,正压作用时间随着 TiH_2 粒径的增大出现先增大后减小的规律,正压作用时间在添加 50.1 μm TiH_2 时达到最大值。由二次反应理论可知,在储氢乳化炸药发生爆炸后,会产生一个高温、高压的环境,TiH_2 在此环境会发生氧化还原反应释放出能量,从而对做功能力以及冲击波特性参数做出提升。由图 5-7 不同粒径的 TiH_2 在空气气氛下氧化的 TG 曲线可知,粒径越小,起始氧化温度越低,且氧化增重更快,其中 7.6 μm TiH_2 氧化起始温度为 360 ℃,在 931 ℃时已反应完全,温度远低于另外三组样品。TiH_2 粒径变化使得其氧化还原反应的速率不同,进而造成反应所产生的能量发生变化。当添加的 TiH_2 粒径较小时,其具有较大的比表面积,可以较快地吸收爆炸后的热量而发生反应,从而为冲击波的后续传播提供能量;而当 TiH_2 粒径太大时,其比表面积较小,参与后燃反应的含量相对较少,化学反应相对较慢,因而为冲击波传播提供的能量较低,且颗粒内部未反应部分也需要吸收大量能量,此时 TiH_2 相当于惰性稀释剂,所以冲击波超压峰值以及正向冲量随着 TiH_2 粒径的增大呈现出一直降低的趋势。但粒径较小的 TiH_2 颗粒氧化反应迅速、反应持续时间较短,使得后续冲击波的作用时间相对较短,随着 TiH_2 粒径的增大,TiH_2 反应速度相对较慢,正压作用时间由此延长;而当 TiH_2 粒径太大时,此时 TiH_2 更难被氧化,相当于惰性稀释剂,正压作用时间开始降低。从试验结果中可以发现,在 TiH_2 粒径为 7.6 μm 时,爆炸后效作用最强,TiH_2 在爆炸二次反应中提供的能量最多,TiH_2 粒径为 50.1 μm 时作用时间最长。

5.8.3 TiH_2 型储氢乳化炸药后燃效应研究

基于添加高能金属粉末炸药的爆炸机理,可将炸药爆轰反应过程划分为三个时间阶段:第一个时间段为爆炸刚开始的无氧化学反应时段,炸药作为自供氧物质,在初始爆轰时并不需要周围环境的氧气,此时的氧化还原反应都是以分子形式进行的,并且爆轰产物中包含大量的燃料元素化合物;第二个时间阶段为初始爆炸后的无氧燃烧化学作用阶段,在此时间阶段内周围的氧气同样未参与到氧化还原反应中,此时是第一阶段中含有燃料元素的化合物进行燃烧反应;第三个时间段即为含氧的化学反应阶段,这也是三个阶段中最为重要的一个阶段。在冲击波作用下,燃料分子会与周围空气中的氧气发生化学反应,即后燃效应。由于四周的氧气参与化学反应产生更多的能量,冲击波的作用时间延长,并且爆炸火球的燃烧面积也在此阶段逐渐扩大,因此该时间阶段主要决定了爆炸的高压做功能力和高温热毁伤能力。另外,含金属粉末炸药爆炸后高温火球的产生及扩散也大体上分为三个时间阶段:第一阶段是金属颗粒在初始冲击波作用下的快速抛撒阶段,此时形成了初始火球,但因为受到周围环境的阻滞效应,火球面积大小短期内保持稳定不再扩展;随着其中的金属颗粒进行快速的化学反应,火球得到了大量的能量补充而开始快速蔓延,等到燃烧粒子达到即将燃尽时刻,反应生成的热量开始减少,使得火球面积不再进行蔓延,维持火球在一定的时间范围内保持稳定,这被称为火球外边界的二次膨胀阶段,此时间阶段中火球的面积、温度与持续时间等特性参数通常比较稳定,因此常被用来表征爆炸火球的特性;第三个阶段为体系内的能量不断与环境交换,火球开始冷却阶段,火球面积逐渐变小并向四周自由扩散,直到最终完全消散。

　　TiH_2 型储氢乳化炸药是将 TiH_2 与乳化炸药混合,制成具有更高爆热和做功能力的高能乳化炸药。TiH_2 在炸药爆炸后会被向四周抛撒,此时会与爆炸产物以及周围空气继续进行剧烈的氧化还原反应,这就是 TiH_2 型储氢乳化炸药的后燃反应。后燃反应的发生可以显著提升爆炸冲击波的强度和毁伤效果,因此,不管是从研究新型高能炸药角度出发还是为了加深对爆轰现象的认识,研究 TiH_2 含量和粒径对 TiH_2 型储氢乳化炸药爆炸后燃效应的影响规律很有必要。

5.8.3.1　TiH_2 含量和粒径对爆炸温度场的影响

　　目前,对于后燃的研究主要侧重于压力和数值模拟等方面,涉及爆炸后火球温度场的研究较少。温度是反映炸药热毁伤性能和后燃效应的重要参数,但利用传感器测量十分困难,理论计算结果与金属炸药实际温度偏差较大,因此通过比色测温技术对 TiH_2 型储氢乳化炸药爆炸温度场进行测量,并对其温度分布进行表征,探究 TiH_2 含量及其粒径对乳化炸药爆炸温度的影响。

　　(1) 不同含量 TiH_2 对爆炸温度场的影响

　　从上一节可知,已知添加 6% TiH_2 的乳化炸药效果最好,因此,为了研究 TiH_2 含量对乳化炸药爆炸温度场的影响,本节对比分析了空白乳化炸药和加入 6% TiH_2 乳化炸药爆炸过程的温度分布云图,如图 5-54 和图 5-55 所示。

　　为了便于研究炸药的爆炸温度场,减少试验误差,本试验将最初拍摄到的爆炸图片所对应的时刻记为 $t=0$ μs,且高速相机拍摄帧率为 173 000 帧/s,相邻两张爆炸图片之间的时间间隔约为 5.8 μs。如图 5-54 所示,空白乳化炸药爆炸时,随着爆炸火球的不断扩张,火球温度逐渐降低,火球外围温度相对低于内部温度,但温度梯度不是太大。当火球燃烧到 23.2 μs 时,爆炸火球出现破裂现象并逐渐熄灭。爆炸火球平均温度在 $t=0$ μs 处得到最大值 2 154 K。这是由于乳化炸药在爆炸时会向周围推动爆轰产物,压缩周围介质做功释放能量,并且冲

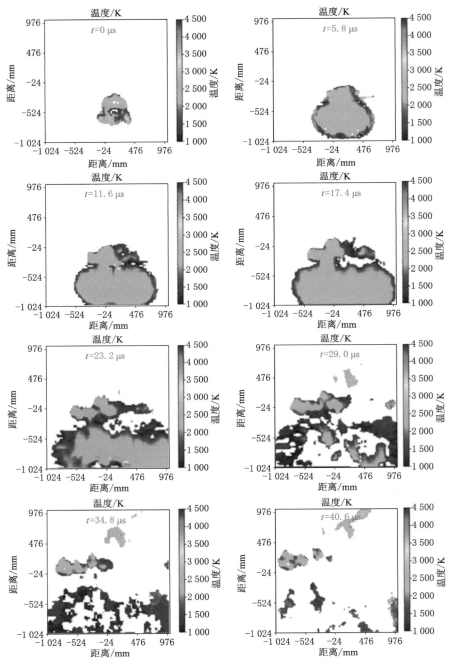

图 5-54 无 TiH₂ 粉末乳化炸药不同时间的爆炸温度图

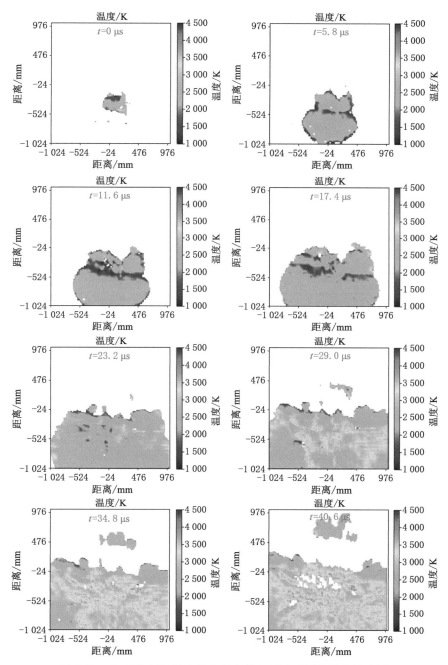

图 5-55　含 6%TiH₂ 粉末的乳化炸药在不同时间的爆炸温度图

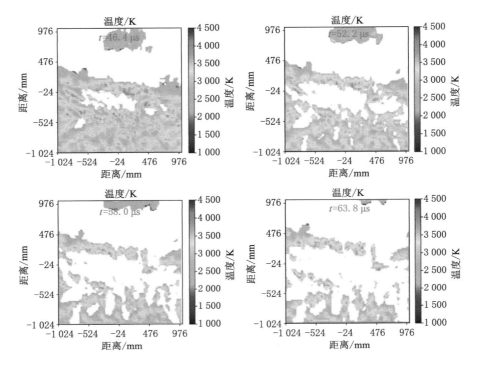

图 5-55 （续）

击波在传播过程中会与环境发生热交换，而炸药后续没有足够的能量补充，这造成爆炸火球温度在传播的过程中出现下降的现象。另外由于火球内部经过充分反应，所以其温度相对于边缘略高。

由图 5-55 可以看到，加入 $6\%\mathrm{TiH_2}$ 的乳化炸药爆炸时，在 $t=5.8\sim23.2~\mu\mathrm{s}$ 的爆炸火球传播早期，爆炸火球体积不断增大，爆炸火球温度出现与空白乳化炸药相反的趋势，呈现上升的趋势。在 $t=23.2\sim46.4~\mu\mathrm{s}$ 的时间内，爆炸火球开始出现破裂，但火球温度仍继续上升，爆炸火球平均温度在 $t=46.4~\mu\mathrm{s}$ 时刻达到最大值 3 048 K。之后，爆炸火球开始熄灭且温度逐渐下降。因此加入 $6\%\mathrm{TiH_2}$ 的乳化炸药爆炸火球大致经历膨胀-稳定-熄灭三个过程。在初始的 $t=0\sim29.0$ $\mu\mathrm{s}$ 内，$\mathrm{TiH_2}$ 颗粒在爆轰波的作用下向外飞散，随着颗粒的燃烧，对火球提供能量使其温度上升并快速膨胀；在 $t=34.8\sim46.4~\mu\mathrm{s}$ 时刻内，$\mathrm{TiH_2}$ 颗粒达到燃烧后期阶段，其产生的热量维持火球保持一个较为稳定的温度和体积，即后燃反应中火球的二次膨胀阶段；当系统生成热小于向外界释放的热能时，爆炸火球开始慢慢缩小直至消散，对应 $t=52.2\sim63.8~\mu\mathrm{s}$ 时刻。与空白乳化炸药相比，加入

6％TiH₂ 的乳化炸药的爆炸火球最高平均温度和持续作用时间分别提高了41.5％和57.1％左右。这主要是因为加入 6％TiH₂ 的乳化炸药被引爆后,TiH₂ 作为含能添加剂与爆轰产物发生反应释放能量,进而对乳化炸药的爆炸温度产生较大的提升,且颗粒的燃烧释能使炸药火球持续较长时间。因此,当 TiH₂ 颗粒作为含能材料添加到乳化炸药中时,可以较好地提升爆炸火球温度和持续时间,并且增强炸药的热毁伤效果。

　　为了得到 TiH₂ 含量对储氢乳化炸药能量释放和后燃效应的影响规律,对不同 TiH₂ 含量的储氢乳化炸药的爆炸温度场数据进行分析处理,相应的图表图 5-56 和表 5-21。由图 5-56 可知,相对于空白乳化炸药爆炸平均温度一直下降,添加不同含量 TiH₂ 的储氢乳化炸药的爆炸平均温度呈下降-上升-下降趋势,并且高温持续时间延长,这表明 TiH₂ 的加入会提高乳化炸药的爆炸温度并延缓火球衰减。另外添加不同含量 TiH₂ 的乳化炸药都有一个保持温度相对稳定的二次膨胀阶段,该时段的持续时间随着 TiH₂ 含量的增加而先增加后降低,这时 TiH₂ 颗粒达到燃烧后期阶段,6％TiH₂ 产生的热量维持火球稳定时间久。

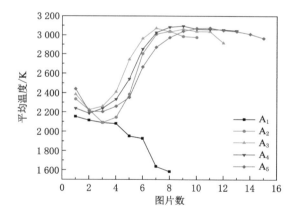

图 5-56　不同 TiH₂ 含量下乳化炸药的平均爆炸温度

　　由表 5-21 可知,各组乳化炸药样品 A₁、A₂、A₃、A₄ 和 A₅ 的最高爆炸平均温度分别为 2 154 K、3 040 K、3 072 K、3 095 K、3 074 K。在本试验范围内,乳化炸药样品的爆炸平均温度在 TiH₂ 含量为 6％时达到最大值 3 095 K。这是由于 TiH₂ 是一种高能储氢合金粉末,在炸药爆炸后会与爆轰产物发生氧化还原反应释放能量,产生较高的温度,并且对火球进行能量补充,延缓火球温度的衰减。此外,当添加的 TiH₂ 粉末较少时,乳化炸药爆炸温度随着 TiH₂ 含量的增加而逐渐上升;当添加的 TiH₂ 粉末过多时,乳化炸药负氧程度增大,反应不完全导致爆炸温度下降。

表 5-21　不同含量 TiH_2 的乳化炸药最高爆炸平均温度

乳化炸药样品	A_1(空白)	A_2(2% TiH_2)	A_3(4% TiH_2)	A_4(6% TiH_2)	A_5(8% TiH_2)
最高爆炸平均温度/K	2 154	3 040	3 072	3 095	3 074

（2）不同粒径 TiH_2 对爆炸温度场的影响

添加不同粒径 TiH_2 的乳化炸药爆炸温度云图如图 5-57 所示。从图中可以看到，不同粒径 TiH_2 对火球膨胀速度和膨胀半径影响不大，炸药爆炸时火球都大致经历膨胀-稳定-熄灭三个过程，即初始 TiH_2 颗粒燃烧促进火球快速膨胀，TiH_2 颗粒燃烧产生的热量维持火球较为稳定的二次膨胀阶段和系统生成热小于向外界释放热能时的火球熄灭阶段。对比火焰温度可以发现，添加不同粒径 TiH_2 的乳化炸药的爆炸温度相较于空白乳化炸药都较高，这表明不同粒径 TiH_2 对乳化炸药的爆炸温度都有一定的提升。另外发现，添加不同粒径 TiH_2 的乳化炸药爆炸火球破裂时间随着粒径增大而推迟，添加 7.6 μm TiH_2 的乳化炸药爆炸火球在 40.6 μs 开始破裂，而添加 120 μm TiH_2 的乳化炸药爆炸火球在 40.6 μs 还保持完整形态。造成这样结果的原因是：当添加的 TiH_2 粒径较小时，其具有较大的比表面积，能够迅速吸热而发生反应，但反应迅速、反应持续时间较短，对后续火球提供的能量相对较低；而当 TiH_2 粒径太大时，其比表面积较小，化学反应相对较慢，火球可以保持较长时间不破裂。因此，为了提高 TiH_2 型储氢乳化炸药的热毁伤效果，需采用一定粒径范围内的 TiH_2 粉末。

为了进一步分析 TiH_2 粒径对储氢乳化炸药能量释放和后燃效应的影响规律，制得不同 TiH_2 粒径的储氢乳化炸药的爆炸温度场数据见图 5-58 和表 5-22。由图 5-58 可知，添加不同粒径 TiH_2 的储氢乳化炸药的爆炸平均温度呈下降-上升-下降趋势，并且粒径越小，其最高平均温度越大，达到最高平均温度的时间越早，各组乳化炸药样品 A_4、A_6、A_7 和 A_8 的最高爆炸平均温度分别为 3 095 K、3 030 K、2 983 K、2 877 K。这表明 TiH_2 的粒径对其在火球中反应速率影响较大，小粒径由于比表面积较大，氧化反应迅速且程度更深，TiH_2 燃烧释放的能量更多，且主要对其前期温度起到较大提升作用；而当 TiH_2 粒径太大时，其比表面积较小，化学反应速率相对较慢，且颗粒内部未反应部分也需要吸收大量能量，因而前期提供的能量较低。由表 5-22 可知，乳化炸药样品的爆炸平均温度在 TiH_2 粒度为 7.6 μm 时达到最大值 3 095 K，表明在此范围内 7.6 μm TiH_2 粒度最优，反应最充分。

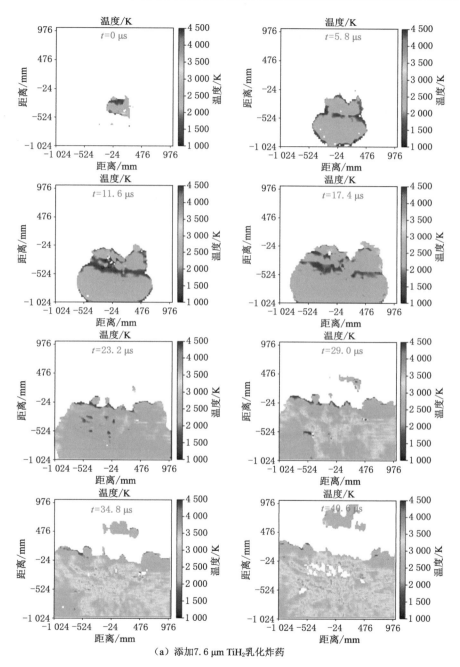

（a）添加7.6 μm TiH₂乳化炸药

图 5-57　添加不同粒径 TiH₂ 粉末乳化炸药的爆炸温度图

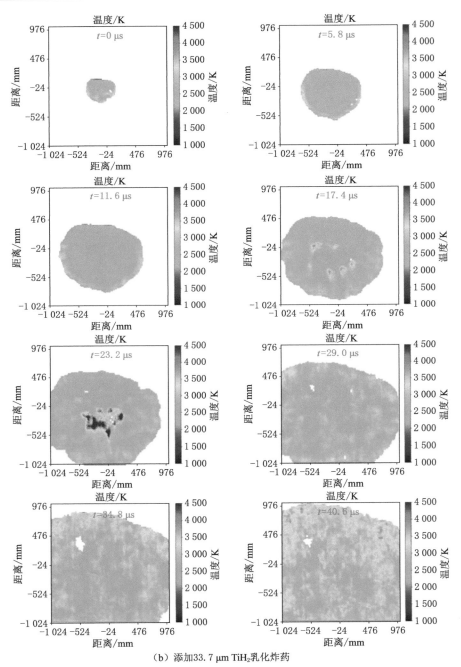

（b）添加33.7 μm TiH₂乳化炸药

图 5-57 （续）

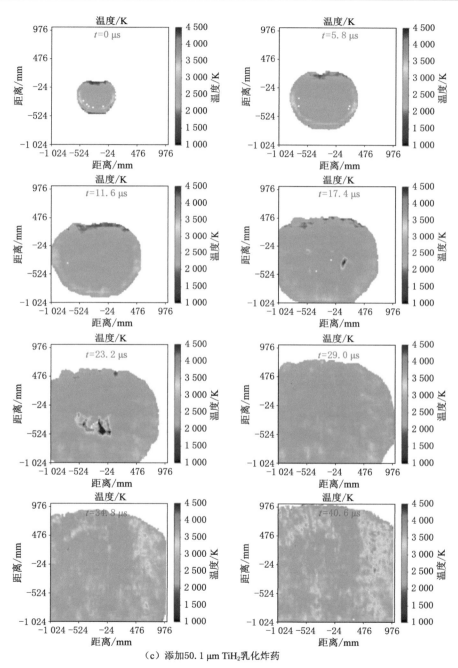

（c）添加 50.1 μm TiH$_2$ 乳化炸药

图 5-57　（续）

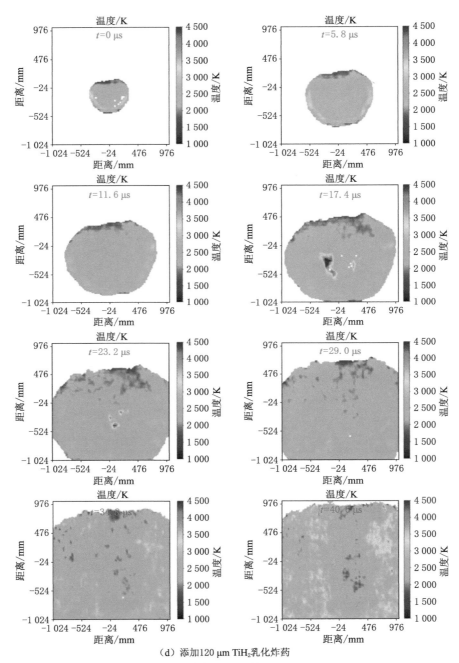

（d）添加120 μm TiH₂乳化炸药

图 5-57 （续）

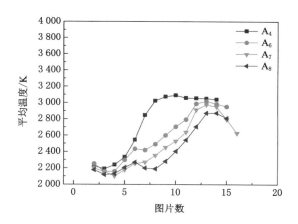

图 5-58　不同 TiH$_2$ 粒径下乳化炸药的平均爆炸温度

表 5-22　不同粒径 TiH$_2$ 的乳化炸药最高爆炸平均温度

乳化炸药样品	A$_4$(7.6 μm)	A$_6$(33.7 μm)	A$_7$(50.1 μm)	A$_8$(120 μm)
最高爆炸平均温度/K	3 095	3 030	2 983	2 877

5.8.3.2　TiH$_2$ 含量和粒径对爆炸火球持续时间的影响

（1）不同含量 TiH$_2$ 对爆炸火球持续时间的影响

将高速相机拍摄的爆炸火球图像数据进行处理分析,计算的 A$_1$～A$_5$ 炸药样品的爆炸火球持续时间见表 5-23。从表中可以发现,加入不同含量的 TiH$_2$ 后,乳化炸药的爆炸火球持续时间相比于空白乳化炸药有了显著提升,在本书的几种配方下,乳化炸药的爆炸火球持续时间会随着 TiH$_2$ 含量的增加而增加,含量为 8% TiH$_2$ 的乳化炸药样品爆炸火球的持续时间最长。这是由于 TiH$_2$ 作为高能燃料与爆轰产物发生反应释放能量,进而使爆炸火球持续较长时间,TiH$_2$含量越多,其持续燃烧放热量越多,可以一定程度上减缓火球衰减。

表 5-23　不同含量 TiH$_2$ 的乳化炸药爆炸火球的持续时间

乳化炸药样品	A$_1$	A$_2$	A$_3$	A$_4$	A$_5$
爆炸火球持续时间/μs	40.6	52.2	63.8	69.6	81.2

图 5-59 为 A$_1$～A$_5$ 乳化炸药样品在开放空间爆炸产生的爆炸火球的燃烧过程。

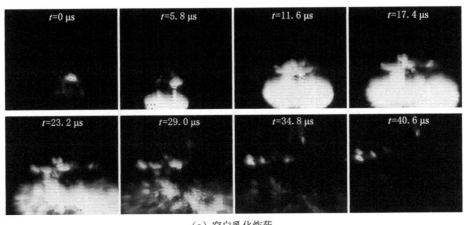

（a）空白乳化炸药

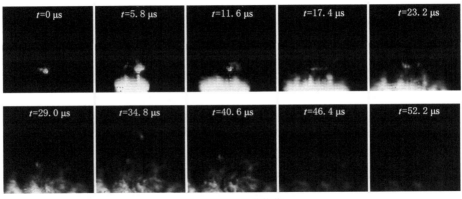

（b）含2%TiH₂乳化炸药

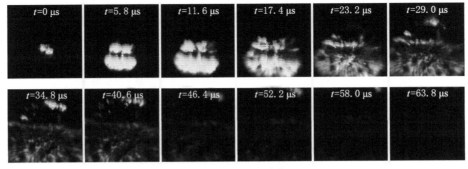

（c）含4%TiH₂乳化炸药

图 5-59　不同 TiH_2 含量的乳化炸药爆炸火球燃烧过程

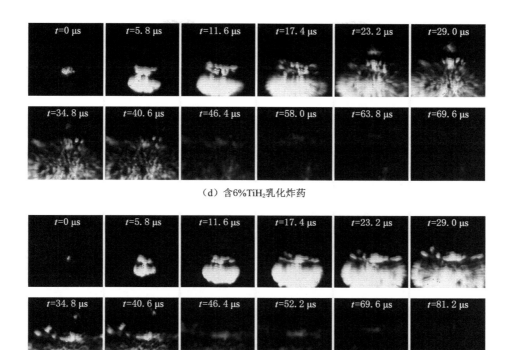

（d）含6%TiH₂乳化炸药

（e）含8%TiH₂乳化炸药

图 5-59　（续）

从图 5-59(a)中可以看出,空白乳化炸药爆炸火球持续时间较短,在 23.2 μs 后火球就开始破裂,并没有出现二次膨胀现象;从图 5-59(b)～(e)中可以看出,添加不同含量 TiH₂ 的乳化炸药的爆炸火球持续时间都得到延长,并且火球膨胀体积变大,都出现了火球保持稳定形态的二次膨胀过程,这说明 TiH₂ 在炸药爆轰后发生了后燃反应,为火球的传播和稳定提供了能量。但不同含量之间也有一定的区别,其中含 2%TiH₂ 样品的爆炸火球在 34.8 μs 火球亮度就开始降低,并逐渐消散,随着 TiH₂ 含量的增加,爆炸火球后期的亮度也相应提升,这表明 TiH₂ 会在炸药爆炸后发生剧烈的后燃效应,为火球提供能量,进而延缓爆炸火球温度的衰减。此外,当引入的 TiH₂ 粉末较少时,其产生的能量不足以维持太久的火球传播;当引入的 TiH₂ 粉末过多时,其虽然会使炸药负氧程度增大,反应不完全导致炸药爆炸温度下降,但过量的 TiH₂ 可以维系一定时间的爆炸火球。

（2）不同粒径 TiH_2 对爆炸火球持续时间的影响

对添加不同粒径 TiH_2 的乳化炸药爆炸火球图像数据进行整理分析,测得的爆炸火球在相同拍摄条件下的持续时间列于表 5-24 中。从表中可以看出,加入不同粒径的 TiH_2 粉末后,乳化炸药的爆炸火球持续时间相比于空白乳化炸药的会延长,但是在 TiH_2 含量相同的组分之间,其火球持续时间只有略微的提升。在本书的几种配方下,随着 TiH_2 粒径的增大,乳化炸药的爆炸火球持续时间会呈现先升高后降低的趋势。粒度为 $50.1~\mu m$ TiH_2 的乳化炸药样品爆炸火球的持续时间最长,这是由于 TiH_2 作为高能燃料与爆轰产物发生反应释放能量,小粒径反应迅速,主要对前期火球起到较大提升作用。随着 TiH_2 粒径的增大,TiH_2 反应速度相对较慢,火球持续时间由此延长,而当 TiH_2 粒径太大时,此时 TiH_2 更难被氧化,相当于惰性稀释剂,火球持续时间开始降低。其中 50.1 μm TiH_2 持续燃烧时间最长,火球保持较长时间。

表 5-24   不同粒径 TiH_2 的乳化炸药爆炸火球的持续时间

乳化炸药样品	A_1	A_4	A_6	A_7	A_8
爆炸火球持续时间/μs	40.6	69.6	75.4	81.2	75.4

图 5-60 所示为添加不同粒径 TiH_2 的乳化炸药样品在开放空间爆炸产生爆炸火球的燃烧过程。从图 5-60(a)~(d)中可以看出,含不同粒径 TiH_2 的乳化炸药爆炸火球持续时间都较长,但也有相应的差别。添加 $7.6~\mu m$ TiH_2 样品的爆炸火球在爆炸前 $40.6~\mu s$ 内,爆炸火球的亮度比其他三组的更强,表明小粒径在后燃过程中燃烧速度相对较快,对火球的能量补充较高。而添加 $120~\mu m$ TiH_2 样品的爆炸火球在 $40.6~\mu s$ 也能看到明显的火光,这表明大粒径虽然在后燃过程中燃烧速度较慢,能量释放速率低,但其对火球后期发展有着一定的促进作用。

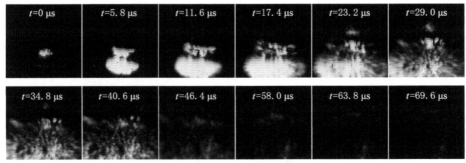

（a）含7.6 μmTiH₂乳化炸药

图 5-60 TiH_2 型储氢乳化炸药爆炸火球燃烧过程

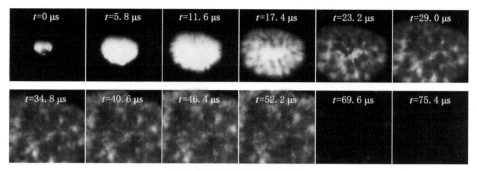

（b）含33.7 μmTiH₂乳化炸药

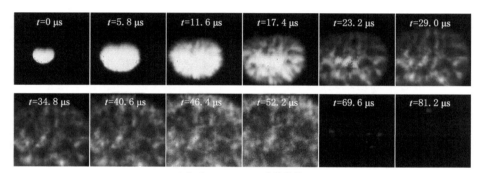

（c）含50.1 μmTiH₂乳化炸药

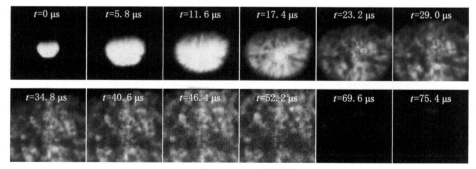

（d）含120 μmTiH₂乳化炸药

图 5-60　（续）

5.9 研究结论与创新点

5.9.1 研究结论

本章围绕含能材料的封装开展相关研究,首先以原料便宜的 TiH_2 和 AC 为核,用改进的悬浮聚合和热膨胀的方法制备了聚合物包覆 TiH_2/AC 的复合含能微囊,表征了其微观形貌和组成,测试了微囊的膨胀性能和热稳定性。然后选取膨胀率大的液体低沸点烷烃和 TiH_2 为封装对象,采用一步悬浮聚合制备了 PMMA 包封固-液混合物的含能微囊,测试了微囊的粒度、形貌,考察了微囊的热膨胀性能和热稳定性,研究了含能微囊敏化的乳化炸药的爆轰性能和稳定性。基于 TiH_2 型储氢乳化炸药的安全与爆轰特性展开相关研究,通过向乳化炸药中添加不同含量和粒径的 TiH_2 粉末,利用 TG/DSC 型同步热分析仪研究了含 TiH_2 型储氢乳化炸药的热稳定特性;通过改进隔板试验和数值模拟研究了乳化炸药的冲击起爆机理;此外通过空中爆炸试验,测试了 TiH_2 型储氢乳化炸药的爆轰性能和后燃效应。通过对前期工作的总结,主要得出以下结论:

① 使用 AC 作为膨胀剂时,采用改进悬浮聚合法合成的微囊具有中空的核壳结构。热稳定性试验结果表明,添加 TiH_2 后微囊的稳定性增强,一方面由于 TiH_2 吸热延缓了壳层分解,另一方面微囊受热膨胀形成中空结构,降低了传热。聚合物包覆 TiH_2/AC 形成的微囊膨胀率低,归因于微囊包封的 AC 量较少,导致其分解产生的气体少。

② 以低沸点烷烃和 TiH_2 为封装对象、PMMA 为壁材,通过构建水包油乳化体系,MMA 经聚合形成 PMMA 包封固-液混合物的含能微囊。在乳化过程中,分散时间和分散速度分别设定为 5 min 和 1 200 r/min 时,最终形成的含能微囊的粒度大小适中,适宜用作乳化炸药的敏化剂。在乳化过程中使用 $Mg(OH)_2$ 作分散剂,形成的微球具有较好的形貌和内部中空的微观结构特征。MMA/TiH_2 的质量比为 2:1 时,即核含量为 33%,微囊的表面较光滑,可以通过调整微囊内部的组成来制备适用乳化炸药高温和常温两种敏化工艺的含能微囊。

③ 爆速和猛度试验表明,与 $GMs-TiH_2$ 共同敏化的乳化炸药相比,在添加相同含量 TiH_2 的情况下,含能微囊敏化的乳化炸药的爆速和猛度均得到提高,含能微囊能够显著提高乳化炸药的做功能力,含能微囊敏化的乳化炸药初始分解温度和活化能均得到提高,乳化炸药的稳定性增强。含能微囊聚合物膜的存在,可有效解决含能材料与乳化基质的相容性问题,提高高能乳化炸药的安全性。

④ 不同粒径 TiH_2 颗粒的热分析试验结果表明，TiH_2 粒径的减小使得其发生氧化的初始温度降低，氧化增重更快，其中 7.6 μm TiH_2 氧化速度最快。分析加入不同含量和粒径 TiH_2 乳化基质的 TG-DSC 曲线可知，TiH_2 含量对乳化基质 DSC 曲线中的水蒸发温度、硝酸钠熔融温度以及对应的吸热量影响很小，但不同含量 TiH_2 的添加改变了乳化炸药起始分解温度和 DSC 曲线的峰值温度。且 TiH_2 粒径减小会加快硝酸铵的分解，加入 7.6 μm TiH_2 的硝酸铵分解最为迅速。TiH_2 作为含能添加剂促进了乳化炸药热分解，降低了乳化炸药的表观活化能以及热稳定性。

⑤ 隔板试验结果表明，空白乳化炸药在板厚为 8 mm 时发生爆轰，而添加 7.6 μm 6%TiH_2 乳化炸药在板厚为 5 mm 时仍发生不完全爆轰现象，两种炸药在受到冲击作用后均发生反应，相较于空白乳化炸药，添加 TiH_2 后乳化炸药起爆可能需要更多的能量。采用比色测温技术对炸药冲击起爆过程图像进行处理，发现炸药在受到初始冲击载荷作用后，在受冲击部位形成局部的高温区域，约 3 000 K，随后高温区域周围的炸药受热开始燃烧并释放能量。对比发现，空白乳化炸药受热后反应迅速，反应面积迅速增大，释放能量对反应区的传播进行补充，使燃烧逐步发展为稳定的爆轰。而添加 6%TiH_2 的乳化炸药的反应区面积扩张缓慢，火焰温度逐渐下降。此外对乳化炸药内部空心玻璃微球在压力作用下的孔洞塌缩过程进行了数值模拟，发现爆轰波在传递过程中，一部分会压缩玻璃微球使其塌缩，另一部分会沿着玻璃微球的外表面发生反射，再次传播进乳化炸药内部，爆轰波与玻璃微球接触的前沿处压力水平较高，使得该部分区域温度急剧增加。

⑥ 自由场空爆试验结果表明，随着 TiH_2 含量的增加，乳化炸药的冲击波超压峰值与正向冲量均呈先增大后减小的规律，并且冲击波峰值压力和正向冲量在 TiH_2 含量为 6% 时达到最大值 73.0 kPa 和 13.4 Pa·s，相较于空白乳化炸药提高了 38.3% 和 42.6%。添加不同粒径 TiH_2 的乳化炸药冲击波超压峰值以及正向冲量随着 TiH_2 粒径的增大呈现出一直降低的趋势，其中添加 7.6 μm TiH_2 的乳化炸药超压峰值和正向冲量最高。此外，正压作用时间随着 TiH_2 粒径的增大出现先增大后减小的规律，正压作用时间在添加 50.1 μm TiH_2 时达到最大值。

⑦ 通过爆炸温度场与火球传播特征可知，相对于空白乳化炸药爆炸平均温度一直下降，添加不同含量 TiH_2 的储氢乳化炸药的爆炸平均温度呈下降-上升-下降趋势，并且火球持续时间延长，乳化炸药的爆炸火球温度以及火球持续时间分别在添加 6% 和 8%TiH_2 含量时达到最大值 3 095 K 和 81.2 μs。这表明 TiH_2 的加入会提升乳化炸药的爆炸火球温度以及火球持续时间。并且粒径越

小,其最高平均温度越大以及达到最高平均温度的时间越早,而随着 TiH_2 粒径的增大,乳化炸药的爆炸火球持续时间会呈现先升高后降低的趋势,粒径为 50.1 μm TiH_2 的乳化炸药样品爆炸火球的持续时间最长。在本试验范围内,7.6 μm TiH_2 粒径最优,反应最充分。

5.9.2 创新点

① 通过一种简单的方式制备了具备中空结构的含能微囊。微囊内的中空结构可起到"热点"的作用,微囊内的 TiH_2 可以提高乳化炸药的爆炸威力,封装在微囊内的碳氢化合物气体也可以充当燃料,增加乳化炸药的爆炸力。含能中空微囊将敏化剂和含能添加剂的功能合二为一,拓展了乳化炸药敏化剂的种类。

② 通过调控微囊内膨胀剂的种类、组成和含量,可制备不同膨胀温度的含能微囊,适用于乳化炸药的高温和常温两种敏化工艺。

③ 含能微囊的聚合物外壳既能增强含能添加剂的自身稳定性,同时也可以提高含能添加剂与乳化基质的相容性。与传统表面包覆的方法相比,微胶囊化制备的复合微囊粒度适中、相容性好、包封率高。含能微囊为高能钝感的乳化炸药的研制开辟了新思路。

④ 利用改进的隔板试验装置研究了乳化炸药冲击起爆过程,为高能乳化炸药的配方设计和工业生产提供理论指导,同时为爆炸装置的改进提供技术支持,具有重要的科学意义和工程实际价值。

⑤ 采用基于 Python 代码的比色测温技术实现了对乳化炸药爆炸火球温度场的重构,为研究乳化炸药的爆轰性能提供了新的技术手段。

⑥ 利用比色测温技术研究了乳化炸药冲击起爆温度发展,并结合数值模拟技术对乳化炸药起爆机理进行了研究,丰富和完善了乳化炸药的爆炸理论。

参考文献

[1] 曹沛,梁坤,王雪丽,等.TGA 和 DSC 分析发泡剂对 NBR 橡胶发泡性能的影响[J].弹性体,2012,22(1):29-34.

[2] 陈文芳,范椿.非牛顿流体力学[J].自然杂志,1985,7(4):243-247.

[3] 陈愿,陈相,蒋伟,等.硼含量对含铝炸药水下爆炸能量的影响[J].爆破器材,2015,44(6):1-4.

[4] 陈中亿.敏化剂种类对深水耐压乳化炸药爆轰性能的影响分析[J].科技展望,2017,19:50-51.

[5] 程扬帆.基于储氢材料的高能乳化炸药爆轰机理和爆炸性能研究[D].合肥:中国科学技术大学,2014.

[6] 程扬帆,程尧,周淑清,等.化学敏化的 MgH_2 型储氢乳化炸药抗动压和爆轰性能的研究[J].中国矿业,2016,25(1):146-149.

[7] 程扬帆,方华,刘文近,等.乳化炸药中空功能微囊的制备方法及性能表征[J].含能材料,2019,27(9):792-800.

[8] 程扬帆,刘蓉,马宏昊,等.储氢材料在乳化炸药中的应用[J].含能材料,2013,21(2):268-272.

[9] 程扬帆,刘蓉,马宏昊,等.新型敏化气泡载体对乳化炸药爆炸威力及减敏性的影响[J].煤炭学报,2014,39(7):1309-1314.

[10] 程扬帆,刘蓉,马宏昊,等.新型水下爆破切割弹的工程应用及数值模拟研究[J].力学与实践,2012,34(6):27-31.

[11] 程扬帆,马宏昊,沈兆武.MgH_2 对乳化炸药的压力减敏影响实验[J].爆炸与冲击,2014,34(4):427-432.

[12] 程扬帆,马宏昊,沈兆武.氢化镁储氢型乳化炸药的爆炸特性研究[J].高压物理学报,2013,27(1):45-50.

[13] 程扬帆,汪泉,龚悦,等.MgH_2 型复合敏化储氢乳化炸药的制备及其爆轰性能[J].化工学报,2017,68(4):1734-1739.

[14] 程扬帆,汪泉,龚悦,等.敏化方式对 MgH₂ 型储氢乳化炸药爆轰性能的影响[J].含能材料,2017,25(2):167-172.

[15] 程扬帆,颜事龙,马宏昊,等.溶胶-凝胶法包覆储氢材料 MgH₂ 的性能研究[J].火炸药学报,2015,38(4):67-70.

[16] 程扬帆,颜事龙,汪泉,等.乳化炸药动压减敏装置的优化设计和试验研究[J].爆破器材,2015,44(5):27-30.

[17] 戴梦炜,王芸,潘茂植,等.空心/多孔微球制备技术研究进展[J].材料导报,2013,27(5):80-86.

[18] 邓哲,杨建刚,胡春波,等.不同粘合剂改性硼基粉末燃料点火燃烧特性[J].固体火箭技术,2021,44(4):454-460.

[19] 杜明燃,汪旭光,颜事龙.KCl 含量对乳化炸药压力减敏的影响[J].化工学报,2015,66(12):5179-5184.

[20] 方华,程扬帆,李进,等.储氢型乳化震源弹配方设计及爆轰性能研究[J].火炸药学报,2018,41(4):363-368.

[21] 方伟,赵省向,张奇,等.含微/纳米铝粉燃料空气炸药爆炸特性[J].含能材料,2021,29(10):971-976.

[22] 封雪松,田轩,徐洪涛,等.提高硼粉的爆炸反应性研究[J].火工品,2018(2):44-47.

[23] 付华勇.胶状乳化炸药油溶性破乳研究[J].工程爆破,2016,22(4):87-90.

[24] 付华勇.乳化炸药复合蜡含油量测定方法分析[J].爆破器材,2018,47(4):40-43.

[25] 高迪,王树刚,才晓旭,等.相变微胶囊的制备及其在微通道的应用进展[J].化工进展,2021,40(9):5180-5194.

[26] 高玉刚.珍珠岩对乳化炸药爆炸性能的影响[J].火工品,2021(2):49-52.

[27] 公雪,王程遥,朱群志.微胶囊相变材料制备与应用研究进展[J].化工进展,2021,40(10):5554-5576.

[28] 龚悦,何杰,汪旭光,等.钛粉对乳化炸药爆轰性能和热分解特性的影响[J].含能材料,2017,25(4):304-308.

[29] 龚悦,何杰,颜事龙,等.铝粉粒度对乳化炸药基质热分解特性的影响[J].高压物理学报,2017,31(2):148-154.

[30] 龚悦,汪旭光,何杰,等.玻璃微球含量对乳化炸药水下爆炸能量的影响研究[J].中国科学技术大学学报,2017,47(5):443-447.

[31] 龚悦,汪旭光,何杰,等.铝粉粒度对乳化炸药能量输出特性及热安定性的影响[J].化工学报,2017,68(4):1721-1727.

[32] 韩薇妍,赵有玺,龚平.微胶囊结构与性能的研究进展[J].中国生物工程杂志,2010,30(1):104-110.

[33] 郝清伟,霸书红,孙振兴,等.环氧树脂和石墨对高氯酸钾类烟火药撞击感度的影响[J].含能材料,2012,20(3):302-305.

[34] 侯昭升,张浩,纪晨旭,等.悬浮聚合法制备热膨胀聚(偏氯乙烯-丙烯腈-苯乙烯)微球及其性能[J].高分子材料科学与工程,2015,31(9):49-52.

[35] 侯志明.深水耐压型乳化炸药的配方研究[J].科技与创新,2017(14):72-74.

[36] 胡朝海,吴红波.敏化方式对乳化炸药爆速的影响[J].中国科技信息,2014(6):74-76.

[37] 胡坤伦,梁鎏鎏,沈东.含水炸药在静压作用下爆炸特性的实验研究[J].火工品,2012(2):22-25.

[38] 黄文尧,颜事龙.炸药化学与制造[M].北京:冶金工业出版社,2009.

[39] 黄希桥,李前翔,王苗苗,等.CCD测温中火焰温度与颜色的关系[J].西北工业大学学报,2017,35(3):442-447.

[40] 黄亚峰,田轩,冯博,等.温压炸药爆炸性能实验研究[J].爆炸与冲击,2016,36(4):573-576.

[41] 黄亚峰,王晓峰,冯晓军.黑索今基含硼炸药的爆热性能[J].含能材料,2011,19(4):363-365.

[42] 黄亚峰,王晓峰,赵东奎.RDX基含硼炸药的能量特性[J].火炸药学报,2015,38(2):39-41.

[43] 黄寅生.炸药理论[M].北京:兵器工业出版社,2009.

[44] 贾占山,卜宪强.含退役火药新型高爆速震源药柱配方和工艺的研究[J].爆破器材,2013,42(2):26-30.

[45] 简新春.乳化剂对乳化炸药质量影响的试验研究[J].金属矿山,2003(6):16-17.

[46] 姜春红,霸书红,梁多来,等.粘合剂造粒对高氯酸钾撞击感度的影响[J].沈阳理工大学学报,2013,32(4):91-94.

[47] 康慧雯.基于热像测温原理的体温筛检关键技术的研究[D].天津:天津大学,2011.

[48] 李春梅.基于新型微胶囊及金属/配体自修复体系的构建与性能研究[D].西安:西北工业大学,2018.

[49] 李公华.水相对乳化炸药性能影响的实验研究[D].淮南:安徽理工大学,2014.

[50] 李雪交,汪泉,黄文尧,等.玻璃微球含量对乳化炸药爆速的影响及蜂窝炸

药研究[J].爆破,2018,35(3):120-124.

[51] 李媛媛,王建灵,徐洪涛.Al-HMX 混合炸药爆炸场温度的实验研究[J].含能材料,2008,16(3):241-243.

[52] 李志宝,孙立贤,徐芬,等.MgH₂/PMMA 复合储氢材料的制备及其脱氢研究[J].电源技术,2015,39(8):1668-1670.

[53] 廖选亭.微胶囊技术与纺织品的微胶囊功能性整理[J].科技创业月刊,2006,19(7):190-191.

[54] 林谋金.铝纤维炸药爆炸性能与力学性能研究[D].合肥:中国科学技术大学,2014.

[55] 刘磊,汪旭光,杨溢.乳化剂种类对乳化炸药抗深水压力性能的影响[J].工程爆破,2014,20(3):37-39.

[56] 刘文近.含能中空微囊的制备及其敏化乳炸药爆轰性能研究[D].淮南:安徽理工大学,2019.

[57] 刘晓敏,龙春霞.化妆品用聚丙烯酸类增稠剂的增稠性及耐离子性分析[J].日用化学工业,2017,47(6):341-344.

[58] 卢光明,吕为,胡方杰,等.一种地下矿用乳化炸药及其制备方法:CN110156544A[P].2019-08-23.

[59] 卢文川,孟昭禹,马军,等.乳化剂和油相材料对现场混装乳化炸药基质稳定性的影响[J].爆破器材,2019,48(6):7-13.

[60] 陆丽园,张东杰,王作鹏.一种微乳液敏化剂的研制及应用研究[J].火工品,2012(4):33-35.

[61] 马宏昊,程扬帆,沈兆武,等.氢化镁型储氢乳化炸药:CN102432407A[P].2012-05-02.

[62] 马平,谭本岭,叶辉,等.乳胶基质黏度影响因素研究[J].工程爆破,2015,21(3):9-12.

[63] 马同金.一种中国专利种类模型玩具:CN109011636A[P].2018-12-18.

[64] 马宗会.他莫昔芬微胶囊和微球的制备及其在纺织品上的应用[D].上海:东华大学,2009.

[65] 毛连山,朱凯.Span 80 合成及其在乳化炸药中应用的研究进展[J].现代化工,2006,26(S1):92-95.

[66] 梅震华,钱华,刘大斌,等.军民两用乳化炸药的制备[J].火炸药学报,2012,35(1):32-34.

[67] 缪志军,吴红波,颜事龙,等.粘度对乳胶基质稳定性影响的实验研究[J].安徽理工大学学报(自然科学版),2015,35(4):28-30.

[68] 彭宁,邱朝阳,吴晓梦.现场混装乳化炸药配方对基质密度的影响分析[J].矿冶工程,2014,34(1):12-13.

[69] 钱海,吴红波,邢化岛,等.铝粉含量和粒径对乳化炸药作功能力的影响[J].火炸药学报,2017,40(1):40-44.

[70] 秦虎,龚兵,熊代余,等.地下矿用炸药现场混装技术的新进展[J].金属矿山,2009(9):152-154.

[71] 单艳玲.复合油相材料对乳化炸药稳定性的影响[J].云南化工,2015,42(3):21-23.

[72] 舒清.乳化剂结构与性能研究及其质量模型的建立[J].爆破器材,2002,31(6):5-11.

[73] 宋凡平,胡坤伦,薛克军,等.掺杂钝化 RDX 的混合乳化炸药爆轰性能研究[J].火工品,2021(4):32-34.

[74] 苏洪文,刘超,谢兆忠.硝酸钠中亚硝酸钠含量对乳化炸药安全生产的影响[J].爆破器材,2006,35(4):11-12.

[75] 陶缘.复合凝聚法制备肉味香精微胶囊及其性质研究[D].杭州:浙江大学,2015.

[76] 汪旭光.乳化炸药[M].2 版.北京:冶金工业出版社,2008.

[77] 王波,马宏昊,沈兆武,等.贮氢玻璃微球敏化乳化炸药的爆炸特性[J].含能材料,2018,26(5):436-440.

[78] 王浩,王亲会,金大勇,等.DNTF 基含硼和含铝炸药的水下能量[J].火炸药学报,2007,30(6):38-40.

[79] 王静.聚丙烯酸钠增稠剂的合成及工厂设计[D].广州:广东工业大学,2016.

[80] 王立强,赵立军.水在乳化炸药中作用的探讨[J].河北冶金,1997(5):9-11.

[81] 王璐,刘天生.低温乳化炸药稳定性实验研究[J].工程爆破,2014,20(2):40-42.

[82] 王腾飞,殷允杰,王潮霞.溶剂挥发法制备高密封性光致变色微胶囊[J].精细化工,2020,37(5):919-923.

[83] 王尹军,李进军,方宏.乳化炸药密度对其压力减敏的影响[J].爆炸与冲击,2009,29(5):529-534.

[84] 王尹军,汪旭光,颜事龙.乳化剂含量与乳化炸药压力减敏关系[J].化工学报,2005,56(9):1809-1815.

[85] 王颖,赵萌,黄雪,等.复合凝聚法包埋功能性食品组分的研究进展[J].食品科学,2018,39(9):265-271.

[86] 魏亚杰,陈利平,姚森,等.MgH_2 和 $Mg(BH_4)_2$ 对硝酸铵热分解过程的影响

[J].火炸药学报,2015,38(1):59-63.

[87] 吴红波,钱海,朱帅,等.现场混装用低粘度乳化炸药的性能研究[J].安徽化工,2016,42(6):63-66.

[88] 吴红波,王尹军,颜事龙.乳化剂种类与乳化炸药压力减敏关系研究[J].火工品,2007(4):6-9.

[89] 吴红波,颜事龙,刘锋.动压作用下敏化剂对乳化炸药破乳程度的影响[J].含能材料,2008,16(3):247-250.

[90] 项惠丹.抗氧化微胶囊壁材的制备及其在微胶囊化鱼油中的应用[D].无锡:江南大学,2008.

[91] 谢圣艳,何俊蓉,李斌,等.树脂微球敏化乳化炸药的安全性研究[J].爆破器材,2018,47(3):46-50.

[92] 谢圣艳,何俊蓉,肖景龙,等.树脂微球敏化乳化炸药技术研究[J].爆破器材,2018,47(1):26-31.

[93] 熊言涛,魏善太,吴继昌,等.一种上向深孔现场混装用乳胶基质的研究[J].爆破器材,2020,49(4):39-44.

[94] 徐朝阳,余红伟,陆刚,等.微胶囊的制备方法及应用进展[J].弹性体,2019,29(4):78-82.

[95] 徐敏潇,刘大斌,徐森.硼含量对燃料空气炸药爆炸性能影响的试验研究[J].兵工学报,2017,38(5):886-891.

[96] 许仁翰,周钇捷,狄长安.基于高速成像的爆炸温度场测试方法[J].兵工学报,2021,42(3):640-647.

[97] 许时婴,张晓鸣,夏书芹,等.微胶囊技术:原理与应用[M].北京:化学工业出版社,2006.

[98] 许祖熙,段卫东,刘瑞,等.铝粉含量及颗粒度对乳化炸药做功能力的影响[J].工程爆破,2017,23(6):86-90.

[99] 颜事龙,陈东梁,王尹军.动态压力对乳化炸药分散相粒径变化和减敏效应的影响[J].煤炭学报,2004,29(6):676-679.

[100] 颜事龙,吴红波,刘锋.动压作用下敏化剂对乳化炸药析晶量的影响[J].煤炭学报,2011,36(11):1836-1839.

[101] 杨虹,王英红,唐梓辰,等.硼粉燃烧效率的影响因素研究[J].固体火箭技术,2022,45(4):564-573.

[102] 杨佳,侯占群,贺文浩,等.微胶囊壁材的分类及其性质比较[J].食品与发酵工业,2009,35(5):122-127.

[103] 杨佳,刘寿康.乳胶基质水环输送的机理研究[J].矿冶工程,2012,32(2):

11-14.

[104] 杨利,李泓润,宋乃孟,等.喷雾干燥法制备亚微米鞣酸铁/硝胺炸药复合微球及其催化性能[J].含能材料,2020,28(2):145-150.

[105] 杨赞中,刘玉金,杨赞国,等.粉煤灰漂珠的物理化学性能及综合利用[J].矿产保护与利用,2002(5):46-49.

[106] 姚森,陈利平,堵平,等.Mg(BH₄)₂和MgH₂对RDX热分解特性的影响[J].中国安全科学学报,2013,23(1):115-120.

[107] 叶志文,吕春绪,刘大斌.新型高能乳化炸药的制备及性能[J].火炸药学报,2011,34(6):41-44.

[108] 叶志文,吕春绪,刘祖亮.聚异丁烯双丁二酰亚胺作为乳化炸药乳化剂的技术特点研究[J].精细石油化工,2003,20(1):54-56.

[109] 叶志文,吕春绪.高能乳化炸药的制备及性质[J].火炸药学报,2006,29(6):6-8.

[110] 叶志文,苏明阳.NL有机微球对乳化炸药的敏化研究[J].矿冶工程,2012,32(2):23-25.

[111] 于丽,邢铁玲,关晋平,等.增稠剂的种类及应用研究进展[J].印染,2017,43(10):51-55.

[112] 张东杰,张现亭,陆丽园,等.现场混装乳化炸药油相材料对乳胶基质黏度影响的研究[J].火工品,2013(1):42-45.

[113] 张静元,赵非玉,关华,等.硼粉在含能材料中的应用性研究[J].光电技术应用,2020,35(1):1-5.

[114] 张立.爆破器材性能与爆炸效应测试[M].合肥:中国科学技术出版社,2006.

[115] 张茂煜.水相析晶点对乳化炸药稳定性的影响[J].爆破器材,2003,32(6):14-17.

[116] 张咪咪.新型复合油相及其专用乳化剂的研究[D].南京:南京理工大学,2015.

[117] 张启威,程扬帆,夏煜,等.比色测温技术在瞬态爆炸温度场测量中的应用研究[J].爆炸与冲击,2022,42(11):105-117.

[118] 张少波.提高乳化炸药耐压性能的探讨[J].煤矿爆破,1994(2):25-28.

[119] 张现亭,杜华善,王作鹏.高威力乳化炸药研究[J].煤矿爆破,2005(4):6-9.

[120] 张续,吴红波,朱可可,等.基于SPSS软件优化耐低温乳化炸药配方研究[J].爆破器材,2020,49(6):42-47.

[121] 张玉磊,翟红波,李芝绒,等.TNT和温压炸药的爆炸火球表面温度对比

试验研究[J].爆破器材,2015,44(5):23-26.

[122] 赵剑宇,田凯,张晓梅.W/O 型乳胶粒子表面电性的近代测试技术[J].化学研究与应用,2002,14(1):37-40.

[123] 周鑫晨,章学来,华维三,等.增稠剂对 $NH_4Al(SO_4)_2 \cdot 12H_2O$ 蓄放热性能的影响[J].化工进展,2019,38(10):4520-4533.

[124] 朱剑华.基于比色测温的高能毁伤爆炸场瞬态高温测试[D].太原:中北大学,2011.

[125] 朱江江.基于无线传输的瞬态温度比色测温系统设计与实现[D].太原:中北大学,2017.

[126] 朱可可.降凝剂对乳化炸药耐低温性能影响的研究[D].淮南:安徽理工大学,2019.

[127] ADUEV B P,NURMUKHAMETOV D R,LISKOV I Y,et al.RDX-Al and PETN-Al composites' glow spectral kinetics at the explosion initiated with laser pulse[J].Combustion and flame,2021,223:376-381.

[128] ALRAHLAH A,FOUAD H,HASHEMM,et al.Titanium oxide (TiO$_2$)/polymethylmethacrylate (PMMA) denture base nanocomposites:mechanical,viscoelastic and antibacterial behavior[J].Materials,2018,11(7):1096.

[129] AL-SABAGH A M,HUSSIEN M A,MISHRIF M R,et al.Preparation and investigation of emulsion explosive matrix based on gas oil for mining process[J].Journal of molecular liquids,2017,238:198-207.

[130] ANAN'IN A V,DREMIN A N,CUNNIGHAM C,et al.Energy release of mixed explosives during propagation of a nonideal detonation under conditions similar to the operation conditions of a blasthole charge[J].Combustion,explosion,and shock waves,2007,43(4):468-475.

[131] ANSHITS A G,ANSHITS N N,DERIBAS A A,et al.Detonation velocity of emulsion explosives containing cenospheres[J].Combustion,explosion and shock waves,2005,41(5):591-598.

[132] BAAH D,FLOYD-SMITH T.Microfluidics for particle synthesis from photocrosslinkable materials[J].Microfluidics and nanofluidics,2014,17(3):431-455.

[133] BASSETT W P,DLOTT D D.High dynamic range emission measurements of shocked energetic materials:Octahydro-1,3,5,7-tetranitro-1,3,5,7-tetrazocine (HMX)[J].Journal of applied physics,2016,119(22):171.

[134] BIAN Y,HO T T,KWON Y,et al.Thermal and mechanical characterization of polymeric foams with controlled porosity using hollow thermoplastic spheres[J].Journal of nanoscience and nanotechnology,2018,18(2):936-942.

[135] BIEGANSKA J.Using nitrocellulose powder in emulsion explosives[J].Combustion,explosion,and shock waves,2011,47(3):366-368.

[136] BORDZILOVSKII S A,KARAKHANOV S M,PLASTININ A V,et al.Detonation temperature of an emulsion explosive with a polymer sensitizer[J].Combustion,explosion,and shock waves,2017,53(6):730-737.

[137] BOURNE N K,FIELD J E.Explosive ignition by the collapse of cavities[J].Proceedings of the royal society of London series A:mathematical,physical and engineering sciences,1999,455(1987):2411-2426.

[138] CARMICINO C,RUSSO SORGE A.Experimental investigation into the effect of solid-fuel additives on hybrid rocket performance[J].Journal of propulsion and power,2015,31(2):699-713.

[139] CASTELLANOS D,CARRETO-VAZQUEZ V H,MASHUGA C V,et al.The effect of particle size polydispersity on the explosibility characteristics of aluminum dust[J].Powder technology,2014,254:331-337.

[140] CHANG P J,MOGI T,DOBASHI R.An investigation on the dust explosion of micron and nano scale aluminium particles[J].Journal of loss prevention in the process industries,2021,70:104437.

[141] CHAUDHRI M M,FIELD J E.The role of rapidly compressed gas pockets in the initiation of condensed explosives[J].Proceedings of the royal society of London a mathematical and physical sciences,1974,340(1620):113-128.

[142] CHEN P Y,WANG J L,LIU F J,et al.Converting hollow fly ash into admixture carrier for concrete[J].Construction and building materials,2018,159:431-439.

[143] CHEN Y,XU S,WU D,et al.Experimental study of the explosion of aluminized explosives in air[J].Central European journal of energetic materials,2016,13(1):117-134.

[144] CHENG Y F,MA H H,LIU R,et al.Explosion power and pressure desensitization resisting property of emulsion explosives sensitized by MgH_2[J].Journal of energetic materials,2014,32(3):207-218.

[145] CHENG Y F,MA H H,LIU R,et al.Pressure desensitization influential

factors and mechanism of magnesium hydride sensitized emulsion explosives[J].Propellants,explosives,pyrotechnics,2014,39(2):267-274.

[146] CHENG Y F,MA H H,SHEN Z W.Detonation characteristics of emulsion explosives sensitized by MgH$_2$ [J]. Combustion, explosion, and shock waves,2013,49(5):614-619.

[147] CHENG Y F,MENG X R,FENG C T,et al.The effect of the hydrogen containing material TiH$_2$ on the detonation characteristics of emulsion explosives [J].Propellants,explosives,pyrotechnics,2017,42(6):585-591.

[148] CHENG Y F,WANG Q,LIU F,et al.The effect of the energetic additive coated MgH$_2$ on the power of emulsion explosives sensitized by glass microballoons[J].Central European journal of energetic materials,2016, 13(3):705-713.

[149] CHENG Y F,YAN S L,MA H H,et al.A new type of functional chemical sensitizer for improving pressure desensitization resistance of emulsion explosives[J].Shock waves,2016,26(2):213-219.

[150] CHENG Y F,YAO Y L,WANG Z H,et al. An improved two-colour pyrometer based method for measuring dynamic temperature mapping of hydrogen-air combustion[J]. International journal of hydrogen energy, 2021,46(69):34463-34468.

[151] CUDZILO S,TRZCILSKI W A,PASZULA J,et al.Effect of titanium and zirconium hydrides on the parameters of confined explosions of RDX-based explosives:a comparison to aluminium[J].Propellants,explosives,pyrotechnics,2018,43(10):1048-1055.

[152] CUI J W,VAN KOEVERDEN M P,MÜLLNER M,et al. Emerging methods for the fabrication of polymer capsules[J].Advances in colloid and interface science,2014,207:14-31.

[153] DAS A K,MUKESH D,SWAYAMBUNATHAN V,et al.Concentrated emulsions.3.Studies on the influence of continuous-phase viscosity, volume fraction, droplet size, and temperature on emulsion viscosity[J]. Langmuir,1992,8(10):2427-2436.

[154] DE IZARRA C,GITTON J M.Calibration and temperature profile of a tungsten filament lamp[J].European journal of physics,2010,31(4): 933-942.

[155] DERIBAS A A,MEDVEDEV A E,RESHETNYAK A Y,et al.Detona-

tion of emulsion explosives containing hollow microspheres[J].Doklady physics,2003,48(4):163-165.

[156] DING X Y,SHU Y J,LIU N,et al.Energetic characteristics of HMX-based explosives containing LiH [J]. Propellants, explosives, pyrotechnics, 2016, 41(6):1079-1084.

[157] ELBASUNEY S,GABER Z M,RADWAN M,et al.Stabilized super-tHermite colloids: a new generation of advanced highly energetic materials[J].Applied surface science,2017,419:328-336.

[158] EREMENKO V A,KARPOV V N,TIMONIN V V,et al.Basic trends in development of drilling equipment for ore mining with block caving method[J].Journal of mining science,2015,51(6):1113-1125.

[159] FAN X M,REN F Y,XIAO D,et al.Opencast to underground iron ore mining method[J].Journal of central south university, 2018, 25(7): 1813-1824.

[160] FANG H,CHENG Y F,TAO C,et al.Effects of content and particle size of cenospheres on the detonation characteristics of emulsion explosive [J].Journal of energetic materials,2021,39(2):197-214.

[161] FANG H,CHENG Y F,TAO C,et al.Synthesis and characterization of pressure resistant agent with double-layer core/shell hollow-structure for emulsion explosive[J].Propellants,explosives,pyrotechnics,2020,45 (5):798-806.

[162] FERREIRA C,RIBEIRO J,CLIFT R,et al.A circular economy approach to military munitions: valorization of energetic material from ammunition disposal through incorporation in civil explosives[J].Sustainability,2019,11 (1):255.

[163] FORNY L,PEZRON I,SALEH K,et al.Storing water in powder form by self-assembling hydrophobic silica nanoparticles[J].Powder technology,2007,171(1):15-24.

[164] GANCZYK-SPECJALSKA K,ZYGMUNT A,CIELLAKK,et al.Application and properties of aluminum in primary and secondary explosives [J].Journal of elementology,2017(2):747-759.

[165] GANGULY S,MOHAN V K,BHASU V C J,et al.Surfactant—electrolyte interactions in concentrated water-in-oil emulsions: FT-IR spectroscopic and low-temperature differential scanning calorimetric studies[J].

Colloids and surfaces,1992,65(4):243-256.

[166] GAO J H,LIANG G L,ZHANG B,et al.FePt@CoS(2) yolk-shell nano-crystals as a potent agent to kill HeLa cells[J].Journal of the American chemical society,2007,129(5):1428-1433.

[167] GAO X,ZHAO T B,LUO G,et al.Enhanced thermal and mechanical properties of PW-based HTPB binder using polystyrene (PS) and PS-SiO$_2$ microencapsulated paraffin wax (MePW)[J].Journal of applied polymer science,2018,135(18):46222.

[168] GAO Y Y,ZHANG N,ZHU L L,et al.Preparation and properties of thermoplastic expandable microspheres with P(AN-MMA) shell[J]. Russian journal of applied chemistry,2017,90(10):1634-1639.

[169] GOROSHIN S,FROST D,LEVINE J,et al.Optical pyrometry of fireballs of metalized explosives[J]. Propellants, explosives, pyrotechnics, 2006, 31(3): 169-181.

[170] HE G S,LIU J H,GONG F Y,et al.Bioinspired mechanical and thermal conductivity reinforcement of highly explosive-filled polymer composites [J].Composites Part A:applied science and manufacturing,2018,107: 1-9.

[171] HOU X M,YING H.Fabrication of polystyrene/detonation nanographite composite microspheres with the core/shell structure via Pickering emulsion polymerization[J].Journal of nanomaterials,2013,2013:8.

[172] HOU Z S,XIA Y R,QU W Q,et al.Preparation and properties of ther-moplastic expandable microspheres with P(VDC-AN-MMA) shell by suspension polymerization [J]. International journal of polymeric materials and polymeric biomaterials,2015,64(8):427-431.

[173] HU J,ZHENG Z,WANG F,et al.Synthesis and characterisation of ther-mally expandable microcapsules by suspension polymerisation [J]. Pigment and resin technology,2009,38(5):280-284.

[174] HU M M,GUO J T,YU Y J,et al.Research advances of microencapsula-tion and its prospects in the petroleum industry[J].Materials,2017,10 (4):369.

[175] INA M, ZHUSHMA A P, LEBEDEVA N V, et al. The design of wrinkled microcapsules for enhancement of release rate[J].Journal of colloid and interface science,2016,478:296-302.

[176] JEOUNG S K,HAN I S,JUNG Y J,et al.Fabrication of thermally expandable core-shell microcapsules using organic and inorganic stabilizers and their application[J].Journal of applied polymer science,2016,133(47):1-6.

[177] JI D D,WEI X A,DU P,et al.Effect of boron-containing hydrogen-storage-alloy [Mg(BH$_x$)$_y$] on thermal decomposition behavior and thermal hazards of nitrate explosives[J].Propellants,explosives,pyrotechnics,2018,43(4):413-419.

[178] JIA X L,HOU C H,TAN Y X,et al.Fabrication and Characterization of PMMA/HMX-based Microcapsules via in situ Polymerization [J]. Central European journal of energetic materials,2017,14(3):559-572.

[179] JIAO S Z,SUN Z C,LI F R,et al.Preparation and application of conductive polyaniline-coated thermally expandable microspheres[J].Polymers,2018,11(1):22.

[180] JONSSON M,NORDIN O,KRON A L,et al.Influence of crosslinking on the characteristics of thermally expandable microspheres expanding at high temperature[J].Journal of applied polymer science,2010,118(2):1219-1229.

[181] JUNG J W,KIM K J.Effect of supersaturation on the morphology of coated surface in coating by solution crystallization[J].Industrial and engineering chemistry research,2011,50(6):3475-3482.

[182] KAWAGUCHI Y,ITO D,KOSAKA Y,et al.Thermally expandable microcapsules for polymer foaming-Relationship between expandability and viscoelasticity[J].Polymer engineering and science,2010,50(4):835-842.

[183] KESHAVARZ M H,JAFARI M,EBADPOUR R.Simple method to calculate explosion temperature of ideal and non-ideal energetic compounds [J].Journal of energetic materials,2020,38(2):206-213.

[184] KEYVAN S,ROSSOW R,ROMERO C,et al.Comparison between visible and near-IR flame spectra from natural gas-fired furnace for blackbody temperature measurements[J].Fuel,2004,83(9):1175-1181.

[185] KHAN M S,HWANG J,LEE K,et al.Oxygen-carrying micro/nanobubbles:composition,synthesis techniques and potential prospects in photo-triggered theranostics[J].Molecules,2018,23(9):2210.

[186] KIM H T,JALADI A K,KIM J H,et al.Suspension polymerization of thermally expandable microspheres using cinnamonitrile and diethyl fumarate as

crosslinking agents[J].Bulletin of the Korean chemical society,2019,40(1):45-50.

[187] KIM J G,HA J U,JEOUNG S K,et al.Halloysite nanotubes as a stabilizer: fabrication of thermally expandable microcapsules via Pickering suspension polymerization[J].Colloid and polymer science,2015,293(12):3595-3602.

[188] KIM J H,JEON T Y,CHOI T M,et al.Droplet microfluidics for producing functional microparticles[J].Langmuir:the ACS journal of surfaces and colloids,2014,30(6):1473-1488.

[189] KOCH E C,KLAPÖTKE T M.Boron-based high explosives[J].Propellants,explosives,pyrotechnics,2012,37(3):335-344.

[190] KOVALCHUK K,MASALOVA I.Factors influencing the crystallisation of highly concentrated water-in-oil emulsions: a DSC study[J]. South African journal of science,2012,108(3/4):1-5.

[191] LASHGARI S,MAHDAVIAN A R,ARABI H,et al. Preparation of acrylic PCM microcapsules with dual responsivity to temperature and magnetic field changes[J].European polymer journal,2018,101:18-28.

[192] LEBEDEVA N V,SANDERS S N,INA M,et al.Multicore expandable microbubbles: controlling density and expansion temperature [J]. Polymer,2016,90:45-52.

[193] LEBEL L S,BROUSSEAU P,ERHARDT L,et al.Measurements of the temperature inside an explosive fireball [J]. Journal of applied mechanics,2013,80(3):979-985.

[194] LEE B,SON I,KIM J H,et al.Polymeric nanocapsules containing methylcyclohexane for improving thermally induced debonding of thin adhesive films [J]. Journal of applied polymer science, 2018, 135 (31):46586.

[195] LEE J,PARK J C,SONG H.A nanoreactor framework of a Au@SiO₂ yolk/ shell structure for catalytic reduction of p-nitrophenol[J].Advanced materials,2008,20(8):1523-1528.

[196] LEE M H,PRASAD V,LEE D.Microfluidic fabrication of stable nanoparticle-shelled bubbles[J]. Langmuir:the ACS journal of surfaces and colloids,2010,26(4):2227-2230.

[197] LEONG T S H,MARTIN G J O,ASHOKKUMAR M.Ultrasonic encapsulation:a review[J].Ultrasonics sonochemistry,2017,35:605-614.

［198］LI Y B,YANG Z J,ZHANG J H,et al.Fabrication and characterization of HMX@ TPEE energetic microspheres with reduced sensitivity and superior toughness properties［J］. Composites science and technology, 2017, 142: 253-263.

［199］LI Z F,WANG Z H,DU X Y,et al.Sonochemistry-assembled stimuli-responsive polymer microcapsules for drug delivery ［J］. Advanced healthcare materials,2018,7(11):1701326.

［200］LIN C M,GONG F Y,YANG Z J,et al.Bio-inspired fabrication of core@ shell structured TATB/polydopamine microparticles via in situ polymerization with tunable mechanical properties[J].Polymer testing,2018,68: 126-134.

［201］LIU F J,WANG J L,QIAN X.Integrating phase change materials into concrete through microencapsulation using cenospheres[J].Cement and concrete composites,2017,80:317-325.

［202］LIU L L,LI J,ZHANG L Y,et al.Effects of magnesium-based hydrogen storage materials on the thermal decomposition,burning rate,and explosive heat of ammonium perchlorate-based composite solid propellant[J]. Journal of hazardous materials,2018,342:477-481.

［203］LIU S H,CHENG Y F,MENG X R,et al.Influence of particle size polydispersity on coal dust explosibility[J].Journal of loss prevention in the process industries,2018,56:444-450.

［204］LIU S H,LU Y M,CHIANG C L,et al.Determination of the thermal hazard and decomposition behaviors of 2, 2'-azobis-(2, 4-dimethylvaleronitrile)［J］. Process safety and environmental protection,2019,131:55-62.

［205］LIU W J,CHENG Y F,FANG H,et al.Fabrication and characterization of PMMA/TiH$_2$ energetic microcapsules with a hollow structure［J］. Journal of energetic materials,2020,38(4):406-417.

［206］LIU W J,CHENG Y F,MENG X R,et al.Synthesis of multicore energetic hollow microspheres with an improved suspension polymerization-thermal expansion method[J].Powder technology,2019,343:326-329.

［207］LIU Y,WANG C M,ZHANG Y G,et al.Fractal process and particle size distribution in a TiH$_2$ powder milling system［J］. Powder technology, 2015,284:272-278.

［208］LOISEAU E,DE BOIRY A Q,NIEDERMAIR F,et al.Explosive rasp-

berries:controlled magnetically triggered bursting of microcapsules[J].
Advanced functional materials,2016,26(22):4007-4015.

[209] LOU X W D,ARCHER L A,YANG Z C.Hollow micro-/nanostructures:
synthesis and applications[J].Advanced materials,2008,20(21):3987-4019.

[210] LU Y M,LIU S H,SHU C M.Evaluation of thermal hazards based on
thermokinetic parameters of 2-(1-cyano-1-methylethyl)azocarboxamide
by ARC and DSC[J].Journal of thermal analysis and calorimetry,2019,
138(4):2873-2881.

[211] MA Z G,GAO B,WU P,et al.Facile,continuous and large-scale produc-
tion of core-shell HMX@TATB composites with superior mechanical
properties by a spray-drying process[J].RSC advances,2015,5(27):
21042-21049.

[212] MADER C L.Numerical modeling of explosives and propellants[M].2nd ed.
Boca Raton,Fla.:CRC Press,1998.

[213] MAIZ L,TRZCINSKI W A,PASZULA J.Investigation of fireball tem-
peratures in confined thermobaric explosions[J].Propellants,explosives,
pyrotechnics,2017,42(2):142-148.

[214] MEDVEDEV A E,FOMIN V M,RESHETNYAK A Y.Mechanism of
detonation of emulsion explosives with microballoons[J].Shock waves,
2008,18(2):107-115.

[215] MISHRA A K,AGRAWAL H,RAUT M.Effect of aluminum content
on detonation velocity and density of emulsion explosives[J].Journal of
molecular modeling,2019,25(3):70.

[216] MISHRA A,ROUT M,SINGH D R,et al.Influence of density of emul-
sion explosives on its velocity of detonation and fragmentation of blasted
muckpile[J].Current science,2017,112(3):602.

[217] NĚMEC O,JUNGOVÁ M,MAREČEK R,et al.Fortifcation of W/O
emulsions by demilitarized explosives.part I.use of TNT[J].Central Eu-
ropean journal of energetic materials,2011,8:193-207.

[218] NĚMEC O,JUNGOVÁ M,ZEMAN S.Modification of W/O emulsions
by demilitarized composition B[J].Propellants,explosives,pyrotechnics,
2013,38(1):142-146.

[219] OKADA K,FUNAKOSHI A,AKIYOSHI M.Thermal hazard evaluation
of ammonium nitrate emulsions by DSC and 1.5 L pressure vessel test

[J].Science and technology of energetic materials,2014,75(1/2):1-7.

[220] OLUWOYE I,DLUGOGORSKI B Z,GORE J,et al.Atmospheric emission of NO_x from mining explosives:a critical review[J].Atmospheric environment,2017,167:81-96.

[221] OOMS G,VUIK C,POESIO P.Core-annular flow through a horizontal pipe: Hydrodynamic counterbalancing of buoyancy force on core[J].Physics of Fluids,2007,19(9):1-17.

[222] OZAWA T.A new method of analyzingthermogravimetric data[J].Bulletin of the chemical society of Japan,1965,38(11):1881-1886.

[223] PAPLIŃSKI A,MARANDA A.Investigations of the influence of cooling salts upon the performance of emulsion explosives[J].Central European journal of energetic materials,2015,12(3):523-535.

[224] RIBEIRO J B,MENDES R,TAVARES B,et al.Features of the incorporation of single and double based powders within emulsion explosives [J].Journal of physics:conference series,2014,500(19):192017.

[225] RICHARDSON D R,KEARNEY S P,GUILDENBECHER D R.Post-detonation fireball thermometry via femtosecond-picosecond coherent anti-Stokes Raman Scattering (CARS) [J]. Proceedings of the combustion institute,2021,38(1):1657-1664.

[226] SAFAJOU-JAHANKHANEMLOU M, ABBASI F, SALAMI-KALA-JAHI M.Synthesis and characterization of thermally expandable PMMA-based microcapsules with different cross-linking density[J].Colloid and polymer science,2016,294(6):1055-1064.

[227] SAFAJOU-JAHANKHANEMLOU M, ABBASI F, SALAMI-KALA-JAHI M.Synthesis and characterization of poly(methyl methacrylate)/graphene-based thermally expandable microcapsules[J].Polymer composites,2018,39(3):950-960.

[228] SAHA D,BHATTACHARYA S.Hydrocolloids as thickening and gelling a-gents in food:a critical review[J].Journal of food science and technology,2010,47(6):587-597.

[229] SALEH K,FORNY L,GUIGON P,et al.Dry water:from physico-chemical aspects to process-related parameters[J].Chemical engineering research and design,2011,89(5):537-544.

[230] SANATKARAN N,MASALOVA I,MALKIN A Y.Effect of surfactant

on interfacial film and stability of highly concentrated emulsions stabilized by various binary surfactant mixtures[J].Colloids and surfaces A: physicochemical and engineering aspects,2014,461:85-91.

[231] SANDER J S,STEINACHER M,LOISEAU E,et al.Robust microcompartments with hydrophobically gated shells [J]. Langmuir: the ACs journal of surfaces and colloids,2015,31(25):6965-6970.

[232] SCHLAPBACH L,ZÜTTEL A.Hydrogen-storage materials for mobile applications[J].Nature,2001,414:353-358.

[233] SCHUMANN E,SILVAIN J F,BOBET J L,et al. The effects of ball milling and the addition of blended elemental aluminium on the densification of TiH_2 power[J].Materials chemistry and physics,2016,173: 106-116.

[234] SHARU B K,SIMON G P,CHENG W L,et al.Development of microstructure and evolution of rheological characteristics of a highly concentrated emulsion during emulsification[J].Colloids and surfaces A:physicochemical and engineering aspects,2017,532:342-350.

[235] SHORTY M,SINGH S,JEBRAIL F F,et al.Fabrication and characterisation of 2NDPA-loaded poly(lactide-co-glycolide) (PLG) microspheres for explosive safety[J].Journal of microencapsulation, 2012, 29 (6): 569-575.

[236] SIL'VESTROV V V,PLASTININ A V,KARAKHANOV S M,et al. Critical diameter and critical thickness of an emulsion explosive[J].Combustion,explosion,and shock waves,2008,44(3):354-359.

[237] SIL'VESTROV V V,PLASTININ A V.Investigation of low detonation velocity emulsion explosives [J]. Combustion, explosion, and shock waves,2009,45(5):618-626.

[238] SILVESTROV V V,BORDZILOVSKII S A,KARAKHANOV S M. Detonation temperature measurement of the emulsion explosive[J]. Doklady physics,2014,59(9):398-400.

[239] TESELKIN V A.Characteristics of the impact explosion initiation of HMX-energetic additive mixtures[J].Russian journal of physical chemistry B,2010, 4(5):748-754.

[240] TIAN S H,HE H,YU P,et al.Sustainable utilization of waste printed circuit boards powders in HDPE-wood composites:synergistic effects of

multicomponents on structure and properties[J].Journal of cleaner production,2017,164:840-847.

[241] TOWNSEND D I,TOU J C.Thermal hazard evaluation by an accelerating rate calorimeter[J].Thermochimica acta,1980,37(1):1-30.

[242] TU L S,DEHGHANI F,FOSTER N R.Micronisation and microencapsulation of pharmaceuticals using a carbon dioxide antisolvent[J]. Powder technology,2002,126(2):134-149.

[243] UMPONPANARAT P,WANSOM S.Thermal conductivity and strength of foamed gypsum formulated using aluminum sulfate and sodium bicarbonate as gas-producing additives[J].Materials and structures,2016,49 (4):1115-1126.

[244] URATANI Y,SEKIGUCHI Y,SATO C.Expansion characteristics of thermally expandable microcapsules for dismantlable adhesive under hydrostatic pressure or in resin[J].The journal of adhesion,2017,93(10): 771-790.

[245] VARGEESE A A,MURALIDHARAN K,KRISHNAMURTHY V N. Kinetics of nano titanium dioxide catalyzed thermal decomposition of ammonium nitrate and ammonium nitrate-based composite solid propellant[J].Propellants,explosives,pyrotechnics,2015,40(2):260-266.

[246] WANG D G,XIAO L F,ZHANG X Y,et al.Emulsion templating cyclic polymers as microscopic particles with tunable porous morphology[J].Langmuir: the ACS journal of surfaces and colloids,2016,32(6):1460-1467.

[247] WANG X H,LI X J,YAN H H,et al.Research of thermal decomposition kinetic characteristic of emulsion explosive base containing Fe and Mn elements[J].Journal of thermal analysis and calorimetry,2008,91(2): 545-550.

[248] WANG Y X, LIU Y, XU Q M, et al. Effect of metal powders on explosion of fuel-air explosives with delayed secondary igniters[J].Defence technology,2021,17(3):785-791.

[249] WANG Y X,MA H H,SHEN Z W,et al.Detonation characteristics of emulsion explosives sensitized by hydrogen-storage glass microballoons [J].Propellants,explosives,pyrotechnics,2018,43(9):939-947.

[250] WANG Y X,MA H H,SHEN Z W,et al.Influence of different gases on the performance of gas-storage glass microballoons in emulsion explosives[J].

Propellants,explosives,pyrotechnics,2020,45(10):1566-1572.

[251] WANG Z H,QIU T,GUO L H,et al.Polymerization induced shaping of Pickering emulsion droplets:from simple hollow microspheres to molecularly imprinted multicore microrattles [J]. Chemical engineering journal,2018,332:409-418.

[252] WASSÉN S,RONDEAU E,SOTT K,et al.Microfluidic production of monodisperse biopolymer particles with reproducible morphology by kinetic control[J].Food hydrocolloids,2012,28(1):20-27.

[253] WU Q J,TAN L,XU S,et al.Study on thermal decomposition characteristics of ammonium nitrate emulsion explosive in different scales[J]. Journal of energetic materials,2018,36(2):202-210.

[254] WU W J,CHI W J,LI Q S,et al.Strategy of improving the stability and detonation performance for energetic material by introducing the boron atoms[J].Journal of physical organic chemistry,2017,30(12):51-59.

[255] XIAO Z B,HE L,ZHU G Y.The preparation and properties of three types of microcapsules of sweet orange oil using alginate and chitosan as wall material[J].Flavour and fragrance journal,2014,29(6):350-355.

[256] XU S,CHEN Y,CHEN X,et al.Combustion heat of the Al/B powder and its application in metallized explosives in underwater explosions[J]. Combustion,explosion,and shock waves,2016,52(3):342-349.

[257] XU S,TAN L,LIU J P,et al.Cause analysis of spontaneous combustion in an ammonium nitrate emulsion explosive [J]. Journal of loss prevention in the process industries,2016,43:181-188.

[258] XU Z X,WANG Q,FU X Q.Thermal stability and mechanism of decomposition of emulsion explosives in the presence of pyrite[J].Journal of hazardous materials,2015,300:702-710.

[259] XUE B,MA H H,SHEN Z W.Air explosion characteristics of a novel TiH$_2$/RDX composite explosive[J].Combustion, explosion, and shock waves,2015,51(4):488-494.

[260] YANG C C,LI X J,YAN H H,et al.Numerical study of the postcombustion effects on the underwater explosion of an aluminized explosive by a novel nonisentropic model for the detonation products[J].Journal of energetic materials,2019,37(2):174-187.

[261] YANG M,MA H H,SHEN Z W.Effect of RDX powders on detonation

characteristics of emulsion explosives[J].Journal of energetic materials, 2019,37(4):459-474.

[262] YANG Z J,DING L,WU P,et al.Fabrication of RDX,HMX and CL-20 based microcapsules via in situ polymerization of melamine-formaldehyde resins with reduced sensitivity[J].Chemical engineering journal,2015,268:60-66.

[263] YAO M,CHEN L P,PENG J H.Effects of $MgH_2/Mg(BH_4)_2$ powders on the thermal decomposition behaviors of 2,4,6-trinitrotoluene (TNT) [J].Propellants,explosives,pyrotechnics,2015,40(2):197-202.

[264] YAO M,CHEN L P,RAO G N,et al.Effect of nano-magnesium hydride on the thermal decomposition behaviors of RDX[J].Journal of nanomaterials,2013,2013:864985.

[265] YAO M, DING W, RAO G N, et al. Effects of $MgH_2/Mg(BH_4)_2$ powders on the mechanical sensitivity of conventional explosive compounds[J].Propellants,explosives,pyrotechnics,2018,43(3):274-279.

[266] YAO Y L,CHENG Y F,LIU R,et al.Effects of micro-encapsulation treatment on the thermal safety of high energy emulsion explosives with boron powders[J]. Propellants, explosives, pyrotechnics, 2021, 46(3): 389-397.

[267] YU L,HU H,WU H B,et al.Complex hollow nanostructures:synthesis and energy-related applications[J].Advanced materials,2017,29(15):1604563.

[268] YUAN K J, ZHOU Y, SUN W C, et al. A polymer-coated calcium chloride hexahydrate/expanded graphite composite phase change material with enhanced thermal reliability and good applicability[J]. Composites science and technology,2018,156:78-86.

[269] YUNOSHEV A S,BORDZILOVSKII S A,VORONIN M S,et al.Detonation pressure of an emulsion explosive sensitized by polymer microballoons[J]. Combustion,explosion,and shock waves,2019,55(4):426-433.

[270] YUNOSHEV A S, PLASTININ A V, RAFEICHIK S I, et al. Acceleration ability of emulsion explosives[J].Combustion,explosion, and shock waves,2018,54(4):496-501.

[271] YUNOSHEV A S,PLASTININ A V,RAFEICHIK S I.Detonation velocity of an emulsion explosive sensitized with polymer microballoons [J].Combustion,explosion,and shock waves,2017,53(6):738-743.

[272] YUNOSHEV A S,PLASTININ A V,VORONIN M S.Effect of alumi-num additive on the detonation velocity and acceleration ability of an emulsion explosive[J].Combustion,explosion,and shock waves,2021,57 (6):719-725.

[273] YUNOSHEV A S,SIL'VESTROV V V,PLASTININ A V,et al.Influence of artificial pores on the detonation parameters of an emulsion explosive[J]. Combustion,explosion,and shock waves,2017,53(2):205-210.

[274] ZHANG F,CHEN M M,JIA X W,et al.Research on the effect of resin on the thermal stability of hydrogen peroxide[J].Process safety and en-vironmental protection,2019,126:1-6.

[275] ZHANG H,TUMARKIN E,PEERANI R,et al.Microfluidic production of biopolymer microcapsules with controlled morphology[J].Journal of the American chemical society,2006,128(37):12205-12210.

[276] ZHANG J,LI C,WANG Y,et al.Controllable exploding microcapsules as drug carriers[J].Chemical communications,2011,47(15):4457-4459.

[277] ZHANG K M,NI O Q.Rheological properties and stability of emulsion explosive matrix[J].Journal of dispersion science and technology,2015, 36(7):932-937.

[278] ZHANG K M,XU M X,HAO X,et al.Peculiarities of rheological behav-ior of highly concentrated water-in-oil emulsion:the role of droplet size, surfactant,oil and ammonium nitrate content[J].Journal of molecular liquids,2018,272:539-547.

[279] ZHOU G A,MA H H,SHEN Z W,et al.Study on a new cleaner emul-sion explosive containing common clay[J].Propellants,explosives,pyro-technics,2018,43(8):789-798.

[280] ZHOU M F,CAVALIERI F,CARUSO F,et al.Confinement of acoustic cavi-tation for the synthesis of protein-shelled nanobubbles for diagnostics and nu-cleic acid delivery[J].ACS macro letters,2012,1(7):853-856.

[281] ZLOBIN B,SIL'VESTROV V,SHTERTSER A,et al.Enhancement of explosive welding possibilities by the use of emulsion explosive[J].Ar-chives of metallurgy and materials,2014,59(4):1587-1592.

[282] ZYGMUNT B,WLODARCZYK E,MARANDA A,et al.Detonation be-havior of suspension-type explosives with various textures[J].Combus-tion,explosion and shock waves,1982,18(3):363-366.